二维动画软件应用

黄莹　主编

WUHAN UNIVERSITY PRESS
武汉大学出版社

图书在版编目(CIP)数据

二维动画软件应用/黄莹主编．—武汉：武汉大学出版社，2018.6
ISBN 978-7-307-20165-1

Ⅰ.二…　Ⅱ.黄…　Ⅲ.二维—动画制作软件　Ⅳ.TP391.414

中国版本图书馆CIP数据核字(2018)第098216号

责任编辑：黄金涛　　责任校对：李孟潇　　版式设计：韩闻锦

出版发行：**武汉大学出版社**　（430072　武昌　珞珈山）
（电子邮件：cbs22@whu.edu.cn 网址：www.wdp.com.cn）
印刷：湖北金海印务有限公司
开本：787×1092　1/16　印张：10.5　字数：202千字　插页：1
版次：2018年6月第1版　2018年6月第1次印刷
ISBN 978-7-307-20165-1　定价：49.00元

前　言

现如今中国二维电脑动画运用的最多的软件便是 Flash。Flash 是一种集动画创作与应用程序开发于一身的二维创作软件。Flash 广泛应用于网页设计、网页广告、网络动画、多媒体教学软件、游戏设计、企业介绍、产品展示和电子相册等领域，它包含丰富的视频、声音、图形和动画。

本书以 Flash 的基础制作为重点，按照“静止绘图—动态动画—输出合成”这一思路进行编排。用一系列互有关联的任务讲解 Flash 动画制作的方法和技巧，每个任务都是从实际操作出发，由浅入深进行讲解。读者通过学习本书，能够在短时间内快速获得 Flash 动画制作的能力。本书内容图文并茂，结构清晰，具有系统、全面和实用等特点。

目　录

第 1 章　Flash 基础知识

1.1 Flash 简介

Flash 的动画播放器是目前在全世界计算机上的普及率达到 98.8%，这是迄今为止市场占有率最高的软件产品(超过了 Windows、Dos 和 Office 以及任何一种输入法)，通过 Flash player，开发者制作的 Flash 影片能够在不同的平台上以同样的效果运行，目前，在包括 Sony 的 PSP 及 PS 系列、Microsoft Xbox 系列、Microsoft Windows Mobile 系列的 PC 和嵌入式平台上，都可以运行 Flash。

随着网络技术的飞速发展，Flash 动画在网络流通中运用得越来越频繁。这一优秀的矢量动画编辑工具为动画行业提供了全新的制作方式，将创意和想象的可视化过程变得更为便捷和简单。随着技术的发展，Flash 软件的版本也在不断更新，新版 Flash CS6 软件内含强大的工具集，具有排版精确、版面保真和丰富的动画编辑功能，能帮助制作者清晰地传达创作构思。

1.2 Flash 工作界面介绍

Flash CS6 的操作界面主要由菜单栏、【工具】面板、时间轴、场景和舞台、【属性】面板 5 部分组成，如图 1-1 所示。

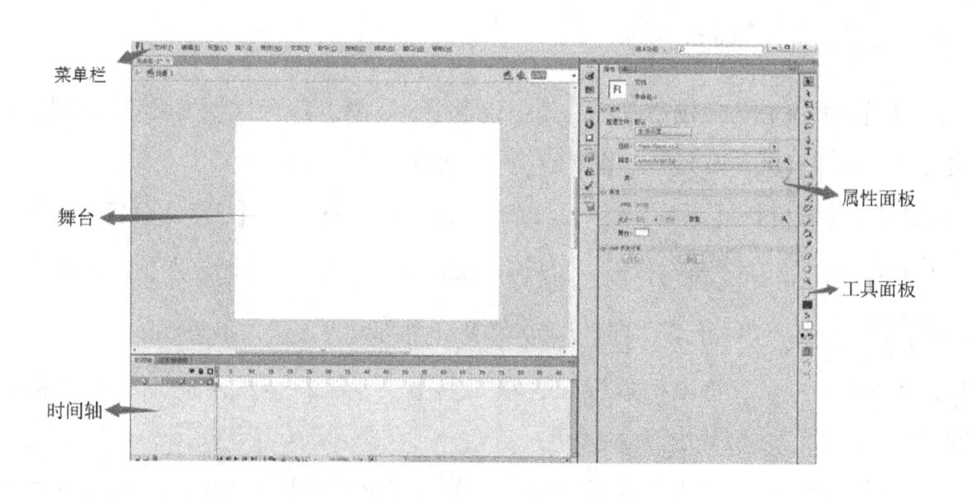

图 1-1　Flash CS6 操作界面

1.2.1　菜单栏

菜单栏包含【文件】、【编辑】、【视图】、【插入】、【修改】、【文本】、【命令】、【控制】、【调试】、【窗口】、【帮助】等 11 个菜单，如图 1-2 所示。

Fl　文件(F)　编辑(E)　视图(V)　插入(I)　修改(M)　文本(T)　命令(C)　控制(O)　调试(D)　窗口(W)　帮助(H)

图 1-2　菜单栏

单击任意一个菜单都可以出现相对应的下拉式菜单，通过下拉式菜单中的命令可进行下一步操作。

【文件】：用于创建、打开、保存、打印、输出动画以及导入外部图形、图像、声音、动画等文件。

【编辑】：对舞台上的对象和帧进行选择、复制、粘贴，以及自定义面板、设置参数等。

【视图】：可进行环境设置。

【插入】：向动画中插入对象。

【修改】：修改动画中的对象。

【文本】：修改文字的外观、设置文字对齐方式和对文字进行拼写检查。

【命令】：保存、查找、运行命令。

【控制】：测试播放动画。

1.2.2　【工具】面板

【工具】面板又称为绘图工具栏，其中包含多种工具，利用这些工具可以绘制图形、创建文字、选择对象、填充颜色和创建 3D 动画等。

通过选择【窗口】→【工具】可以打开或关闭【工具】面板。在【工具】面板显示的状态下，单击面板右上角的 ▸▸ 按钮，可折叠面板，并出现【工具】面板图标，单击该图标上的 ◂◂ 按钮，可以将【工具】面板再次展开。也可以直接点击折叠后的图标显示各个工具，如图 1-3 所示。将鼠标放置在各项工具上不动，将会显示此工具的名称及快捷键。

【工具】面板上的某些工具右下角会有一个小三角形符号，说明此工具为一个工具组，在此工具上点击鼠标左键，即可查看对应的隐藏工具。如需使用隐藏工具，单击该工具即可，如图 1-4 所示。

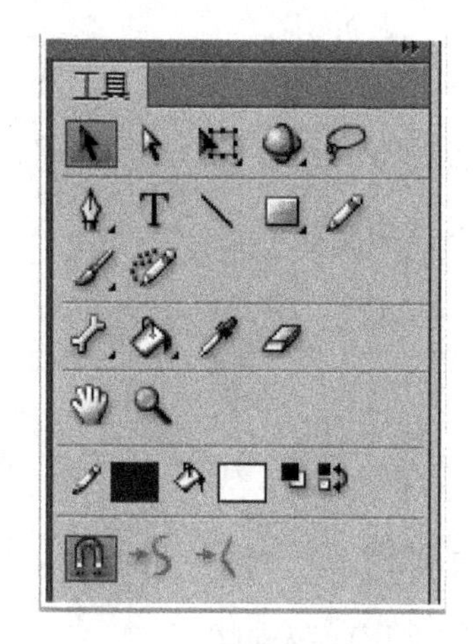

图 1-3 工具面板

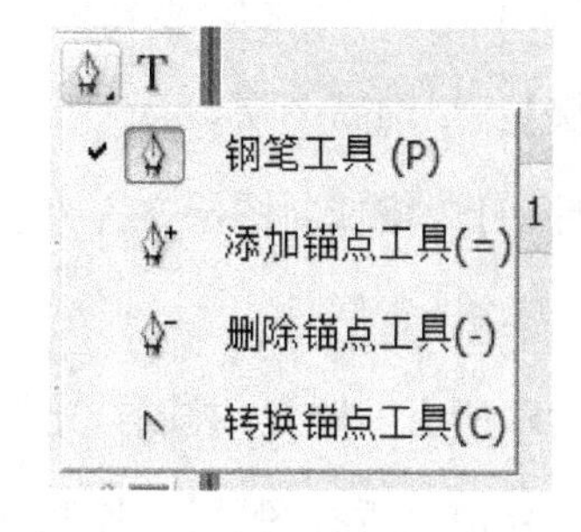

图 1-4 工具面板

1.2.3 时间轴

时间轴用于控制和组织文件内容在一定时间内播放的帧数，也可以控制影片的播放和停止。按照功能划分，【时间轴】面板主要分为左右两部分，分别为层控制区、时间线控制区，其主要组件是层、帧和播放头，如图 1-5 所示。

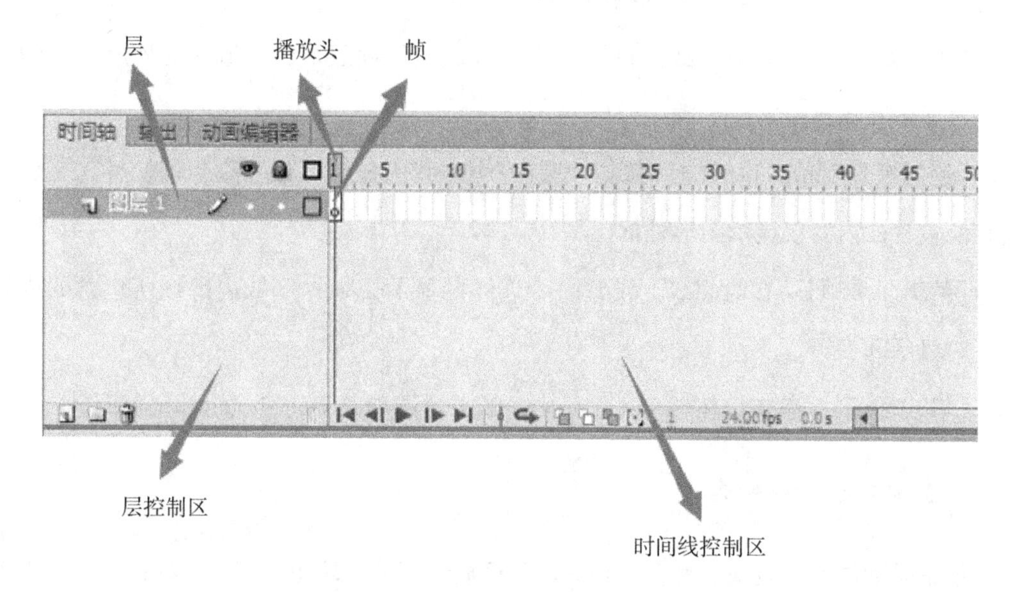

图 1-5 时间轴

(1) 层控制区。

时间线左侧部分为层控制区。舞台上正在编辑的所有图层的名称、类型和状态都可以在层控制区中显示出来，并能够通过工具按钮对图层状态进行控制。将鼠标放在层控制区的各个按钮上，即可显示该按钮的名称，主要功能如下：

【新建图层】：增加新图层。

【新建文件夹】：增加新图层文件夹。

【删除】：删除选定层。

【显示或隐藏所有图层】：控制选定层的显示或隐藏状态。

【锁定或解除锁定所有图层】：控制选定层的锁定或解锁状态。

【将所有图层显示为轮廓】：控制选定层的显示图形外框或显示图形状态。

(2) 时间线控制区。

时间轴的右侧为时间线控制区，由帧、播放头等多个按钮组成。底部的播放按钮 可以对制作的 Flash 文件进行播放或选择具体帧的控制，播放按钮右边的按钮可以通过鼠标的放置显示其名称，其基本功能如下：

【帧居中】：将当前帧显示到控制区窗口中间。

【绘图纸外观】：在时间线上设置一个连续的显示帧区域，区域内的帧所包含的内容同时显示在舞台上。

【绘图纸外观轮廓】：在时间线上设置一个连续的显示区域，除当前帧外，区域内的帧所包含的内容仅显示图形外框。

【编辑多个帧】：在时间线上设置一个连续的显示区域，区域内的帧所包含的内容可同时显示和编辑。

【修改标记】：单击该按钮会显示一个多帧显示选项菜单，可显示标记范围。

1.2.4　场景和舞台

场景是动画元素表演的舞台，是编辑和播放动画的一块矩形区域，各种动画元素可以在舞台上进行调整和编辑。场景可以有很多，如需查看特定的场景，可以执行【视图】→【转到】命令，再从其子菜单中选择需查看的场景的名称。也可以直接点击编辑场景按钮 选择，如图 1-6 所示。

图 1-6　场景面板

在舞台中制作动画时，经常会需要使用一些辅助线来作为舞台上不同对象的对齐标准。此时可以通过执行【视图】→【标尺】命令打开【标尺工具】，然后点击标尺部分向舞台上拖动鼠标，将会生成淡蓝色的辅助线用于定位或标记。也可以通过执行【视图】→【网格】→【显示网格】命令进行定位，这两种方法产生的线条与网格在动画播放时均不会显示出来，如图 1-7 所示。

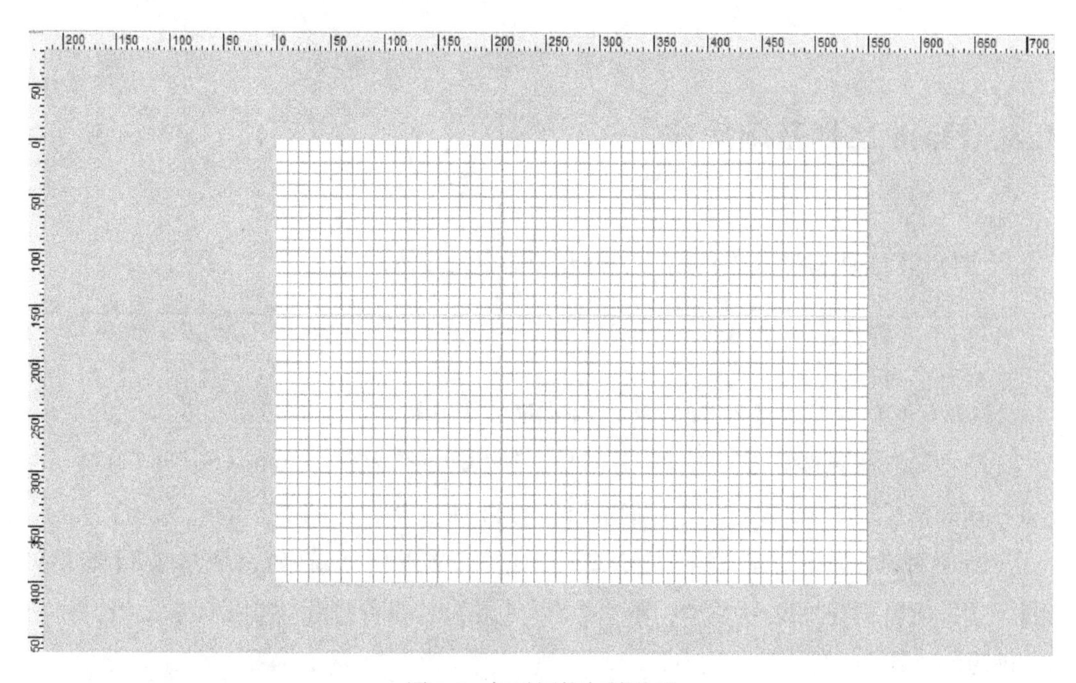

图 1-7　标示网格与辅助线

1.2.5 【属性】面板

【属性】面板是配合 Flash CS6 中各个工具和功能进行使用的，通过属性面板可设置、调整对象参数，如图 1-8 所示。

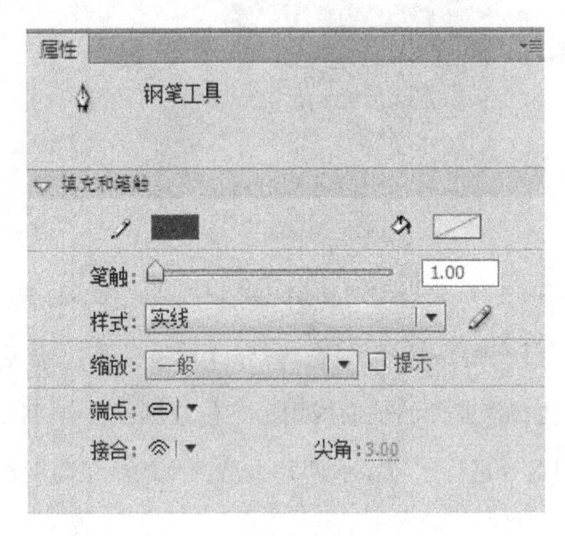

图 1-8 【属性】面板

1.3 Flash 文档基础操作

下面介绍 Flash CS6 文件的新建、打开和保存的方法。

1.3.1 新建文件

Flash CS6 有多种新建文件的方法，主要有以下 3 种：

(1)使用欢迎屏幕新建文档。打开软件，在欢迎屏幕上单击 Action Script 3.0 或 Action Script 2.0 按钮，可新建支持其脚本语言的 Flash 文档，如图 1-9 所示。

(2)使用菜单命令新建文档。在菜单栏中选择【文件】→【新建】命令，打开【新建文档】，选择所需创建的文件类型，单击【确定】按钮，即可创建空白 Flash 文档，如图 1-10所示。

(3)使用快捷键新建文档。打开 Flash CS6 软件之后，按快捷键【Ctrl+N】打开【新建文档】对话框，选择所需文档类型，单击【确定】按钮即可。

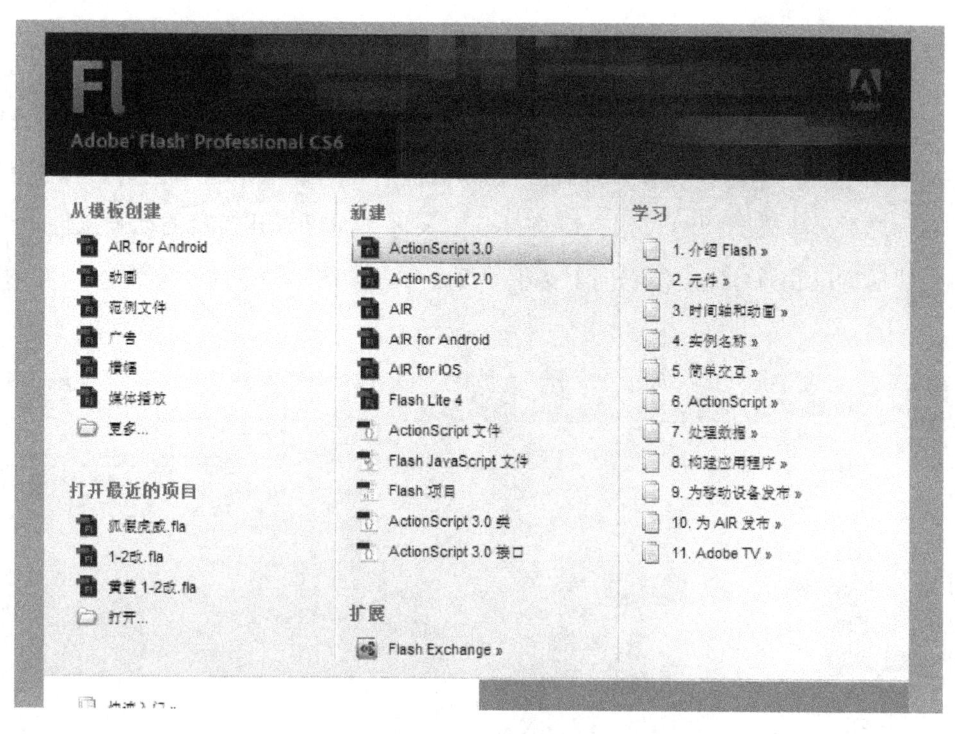

图 1-9　使用环艺屏幕新建文档

新建文档
常规　模板
类型：
ActionScript 3.0
ActionScript 2.0
AIR
AIR for Android
AIR for iOS
Flash Lite 4
ActionScript 3.0 类
ActionScript 3.0 接口
ActionScript 文件
ActionScript 通信文件
FlashJavaScript 文件
Flash 项目
宽(W): 550 像素
高(H): 400 像素
标尺单位(R): 像素
帧频(F): 24.00 fps
背景颜色：
自动保存：10 分钟
设为默认值(M)
描述：
在 Flash 文档窗口中创建一个新的 FLA 文件 (*.fla)。将会设置 ActionScript 3.0 的发布设置。使用 FLA 文件设置为 Adobe Flash Player 发布的 SWF 文件的媒体和结构。
确定　取消

图 1-10　使用菜单命令新建文档

1.3.2　打开文件

打开 Flash CS6 软件，此时可以对已有的动画文件进行查看或修改。通过执行【文件】→【打开】命令，弹出【打开】对话框，在对话框中找到文件所处的位置，确认文件类型和名称之后，单击【打开】按钮，或直接双击文件，即可打开指定的动画文件。也可以通过快捷键【Ctrl+O】弹出【打开】对话框打开文件，如图 1-11 所示。

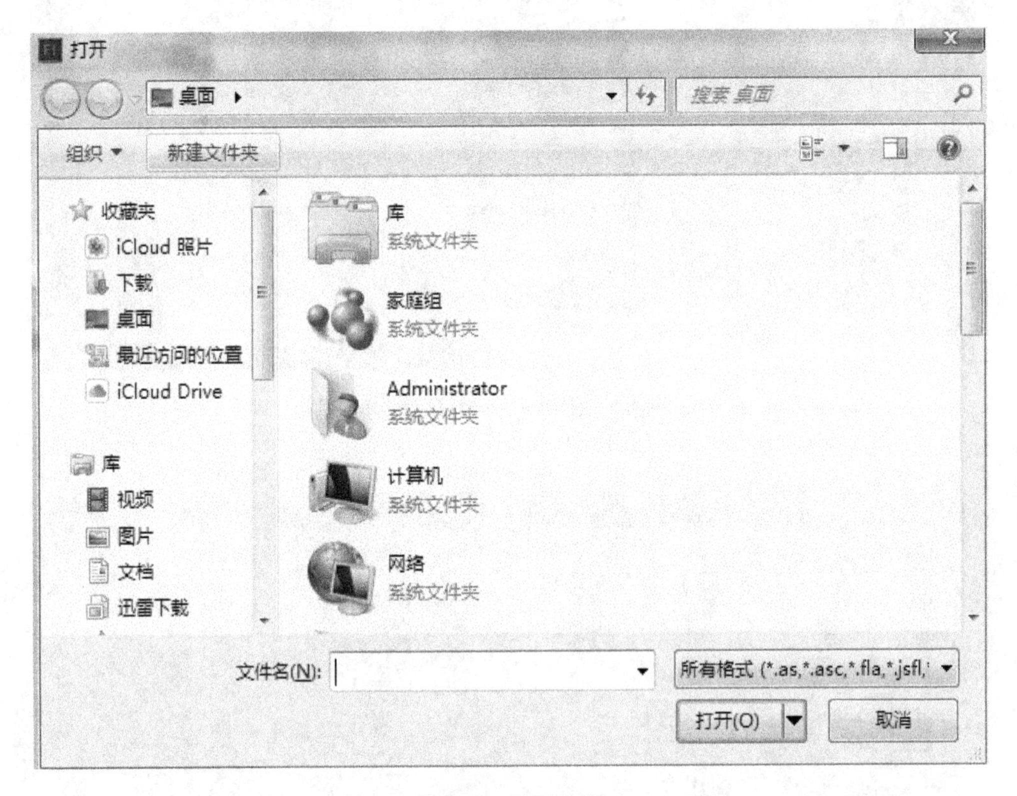

图 1-11　打开文件

在软件的使用过程中有时需要同时打开多个文件，此时可以在【打开】对话框中选中所需要的多个文件，并单击【打开】按钮，系统将逐个打开这些文件，以避免不必要的重复工作。

1.3.3　保存文件

在我们编辑和制作完动画后，就需要保存动画文件，可以执行【文件】→【保存】命令，在弹出【另存为】的对话框中可以对文件的保存位置、保存名称以及存储类型进行更改，如图 1-12 所示。

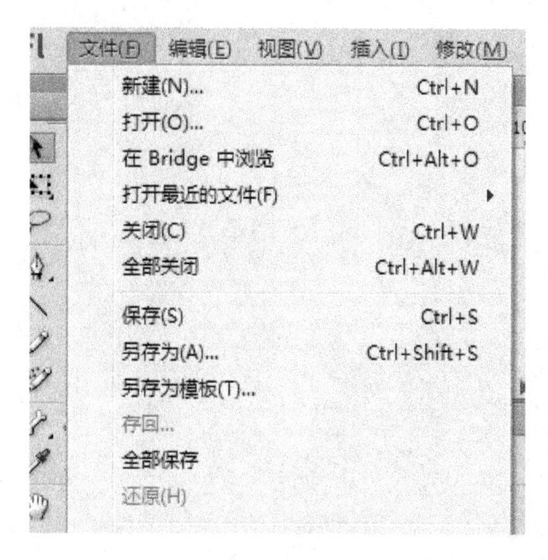

图 1-12 保存文件

如果是已经保存过的文件，修改之后再进行保存有两种方法：

(1)执行【文件】→【保存】命令，该文档将直接进行保存，此时修改前的文档将会被保存后的文档所替换。此项选择需谨慎，一旦保存就不能再找回之前的文档内容。

(2)执行【文件】→【另存为】命令，可以将文件另外存储在指定位置上，由此可以修改文件的名称、格式及存储位置，旧文档不会被替换。

第 2 章　图形的绘制与编辑

2.1 Flash 图形基础知识

根据成图原理和绘制方法的不同，我们将计算机绘图领域中的图片模式分为矢量图和位图两种类型。

2.1.1 位图图像

位图是由我们称为像素的单个点组成的。计算机屏幕其实就是一张包含大量像素点的网格。在位图中，我们看到的角色是由每一个网格中的像素点的位置和色彩值来决定，如图 2-1 所示。每一点的色彩是固定的，当我们在更高分辨率下观看图像时，每一个小点看上去就像是一个个马赛克色块，每单位面积中所含像素越多，图像越清晰，颜色之间的混合也就越平滑，同时所占的空间也越大。

图 2-1　位图量图放大效果

2.1.2 矢量图形

矢量图是用线段和曲线描述图像，所以称为矢量，同时图形也包含了色彩和位置信息。下面例子就是利用大量的点连接成曲线来描述角色的轮廓线，然后根据轮廓线，在图像内部填充一定的色彩。矢量图与分辨率无关，对矢量图进行缩放时，图形对象的清晰度和光滑度不会发生任何的改变，也不会出现失真现象，如图 2-2 所示。

图 2-2　矢量图放大效果

2.2　Flash 对象的分类

在 Flash 中能够创建很多种类的对象，我们在创建它们时必须能够正确的区分它们，不同种类的对象决定了我们创建 Flash 补间动画的方式，同时合理运用不同的对象能使我们的制作事半功倍。

2.2.1　形状

形状是用工具箱手工绘制出来的没经过任何形式的转换的原始图形。【Ctrl+B】或者【修改】→【分离】命令可以把其他形式的图形打散成形状文件。

当我们选择形状图形时其上会出现灰色麻点，如图 2-3 所示。该图形可以在舞台中随意改变形状和颜色，两个相同颜色的形状文件相交会合成一个图形，两个不同颜色的形状文件相交会剪切掉覆盖住的形状。

图 2-3　形状

2.2.2 对象绘制

选择任意绘图工具，在工具箱中都会有【对象绘制】的选项，选择其进行绘制的图形有一个深蓝色的边框，如图 2-4 所示。对象绘制地图形可以在舞台中任意的改变其形状和颜色，但是两个对象绘制放在一起时不会出现融合或者剪切的现象。

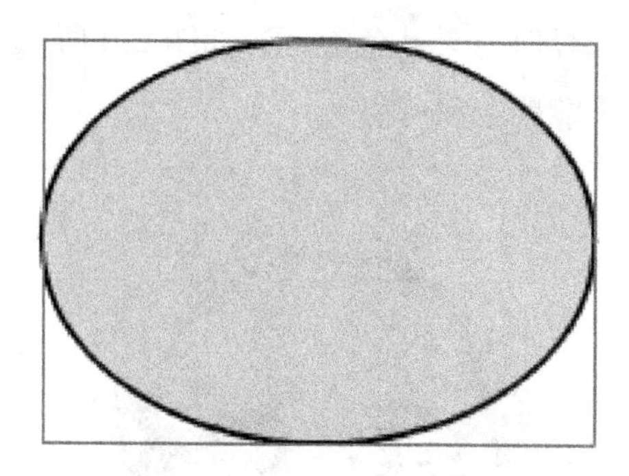

图 2-4 对象绘制

2.2.3 文本块

【工具箱】中的【文本工具】输入的文字叫做文本块，点选文本块有湖蓝色的边框，如图 2-5 所示。文本块可以随意改变其颜色和大小，但不能改变其外形，不能融合和剪切。要想对文本的外形进行更改，需把文本块进行打散，两个或两个字以上的文本如想融合需打散两次。

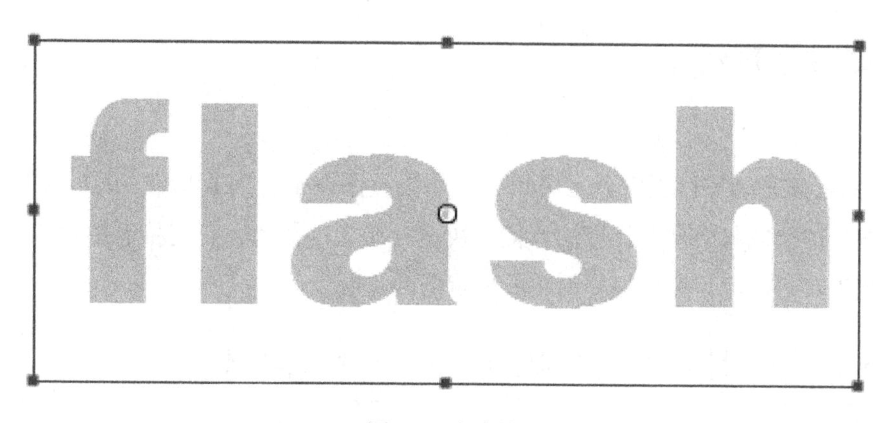

图 2-5 文本块

2.2.4　元件

我们在制作 Flash 动画时，有很多素材需要重复使用。这时我们就可以把素材转换成元件，或者干脆新建元件。以方便重复使用或者再次编辑修改。也可以把元件理解为原始的素材，通常存放在元件【库】中。元件必须在 Flash 中才能创建或转换生成，它有三种形式，即影片剪辑、图形和按钮，元件只需创建一次，然后即可在整个文档或其他文档中重复使用。元件被选择时有天蓝色边框，如图 2-6 所示。元件只能改变其大小，不能改变其颜色和形状，不能融合和剪切。

图 2-6　元件

2.3　基本图形绘制

在 Flash 动画制作过程中会运用到大量的矢量图图形，而直接在 Flash 软件中进行矢量图图形的绘制将会使制作更加方便、快捷。在这一节里，我们将通过对 Flash 基本图形绘制工具的学习，完成一些简单的矢量图的绘制。

2.3.1　【椭圆】工具、【矩形】工具和【多角星】工具

【椭圆】、【矩形】和【多角星】工具是 Flash 中的基本图形绘制工具，用它可以完成一些简单图形的绘制。

(1)【椭圆】工具，快捷键为(O)。

在工具栏中点击【椭圆】工具，在【舞台】中点击鼠标并拖动就可绘制出一个椭圆形，按住【Shift】可绘制一个正圆，按住【Alt】可绘制出一个以指针所在位置为圆心的椭圆，【Shift+Alt】一起按住可绘制出一个指针所在位置为圆心的正圆，如图 2-7 所示。

图 2-7　绘制正圆

(2)【基本椭圆】工具，快捷键为(O)。

对用【基本椭圆】工具绘制出来的椭圆可以调整其形状，移动中间的紫色小点可镂空圆形的中部，点击右侧的紫色小点可使圆形变成扇型，如图 2-8 所示。

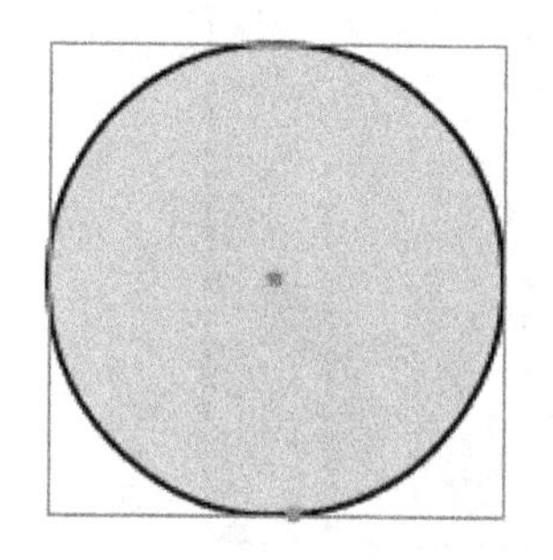
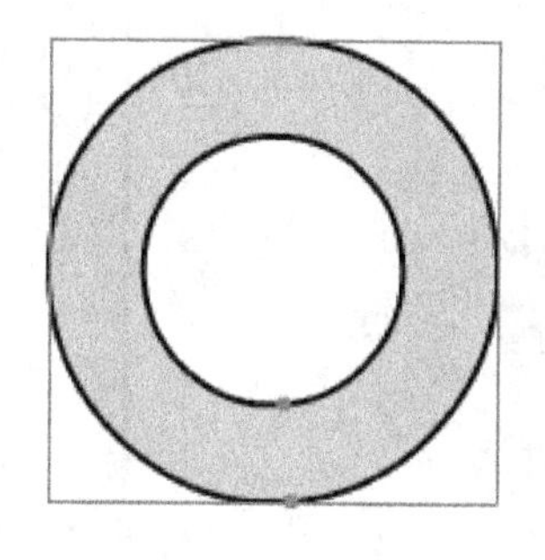
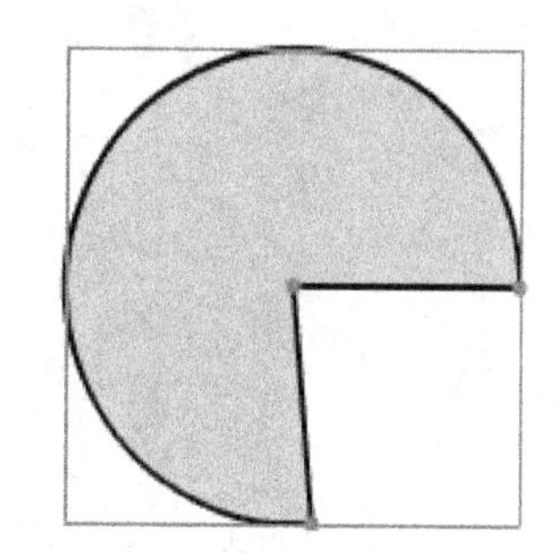

图 2-8　【基本椭圆】工具调节椭圆形状

(3)【矩形】工具，快捷键为(R)。

在工具栏中点击【矩形】工具，在舞台中点击鼠标并拖动就可绘制出一个矩形，按住【Shift】可绘制一个正方形，按住【Alt】可绘制出一个以指针所在位置为中心的矩形，

【Shift+Alt】一起按住可绘制出一个指针所在位置为中心的正方形，如图 2-9 所示。

图 2-9　绘制正方形

在【属性】面板中调节边角半径值可绘制出圆角矩形，如图 2-10 所示。

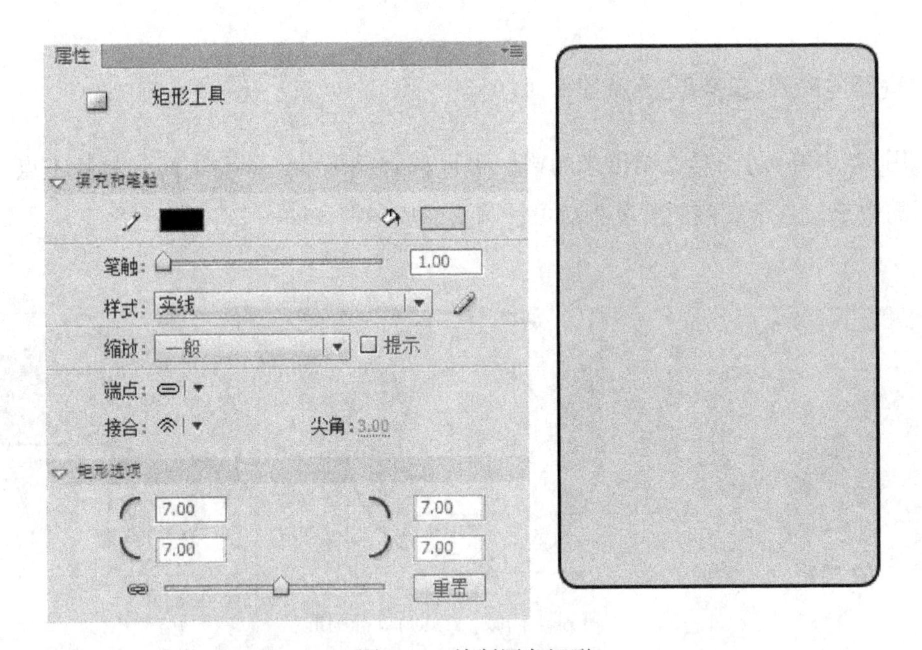

图 2-10　绘制圆角矩形

(4)【基本矩形】工具 ，快捷键为(R)。

用【基本矩形】工具绘制出来的矩形的四个角分别都有一个紫色小点，通过其中任意一个小点的调节可以直接把直角矩形变成圆角矩形，如图 2-11 所示。

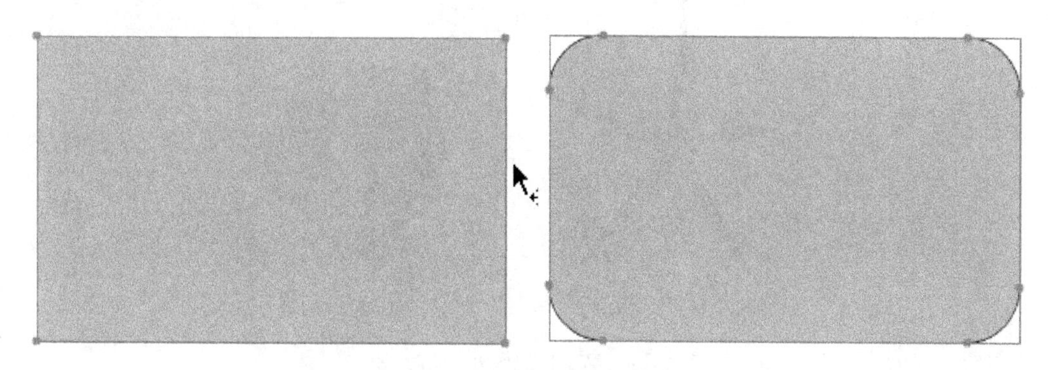

图 2-11 【基本矩形】工具调节边角半径值

(5)【多角星】工具。

用【多角星】工具可以绘制出多边形与星形，在【属性】面板中点开【选项】可出现【多角星】工具的工具设置面板，如图 2-12 所示。在样式栏中可选择绘制多边行或星形图形，边数可决定绘制出的图形是几边形。如果绘制的是星形图形则可通过调节星形顶点大小改变星形的形状，星形顶点大小数值越小，星形的边缘越尖锐，星形顶点大小数值越大，星形的边缘越平缓，如图 2-13 所示。

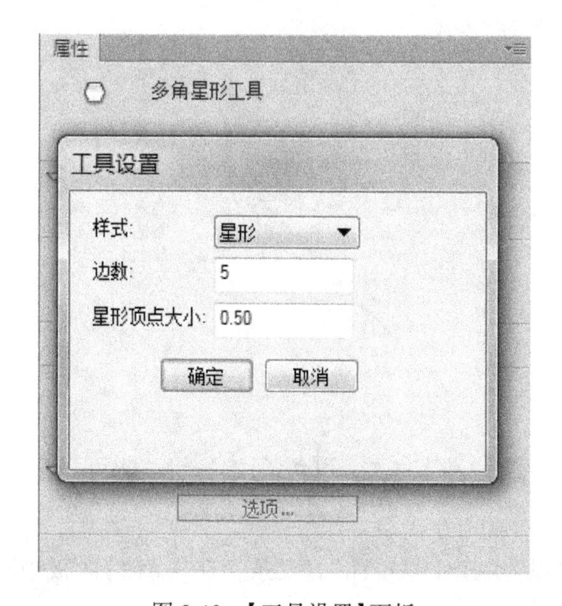

图 2-12 【工具设置】面板

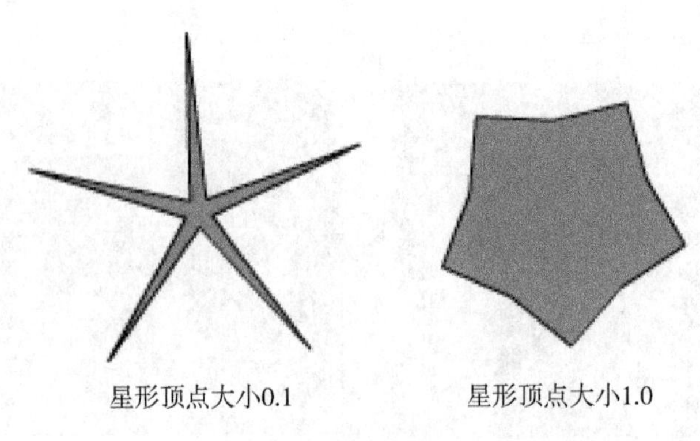

图 2-13　星形顶点大小数值差异

2.3.2　线条的绘制与修改

(1)【线条】工具 ，快捷键为(N)。

【线条】工具主要用来绘制直线线条。在舞台上单击并拖动鼠标即可绘制出直线，在绘制时按住【shift】键便可绘制出 45°角为倍数的线条，既 45°角的斜线、水平，垂直的线条，如图 2-14 所示。

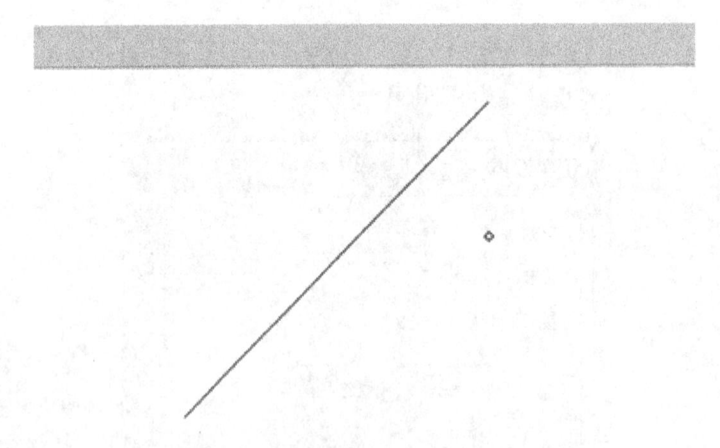

图 2-14　运用【线条】工具绘制直线

用【线条】工具可以绘制出许多风格的线条。在【属性】面板中我们可以定义直线的颜色、粗细和样式，如图 2-15 所示。

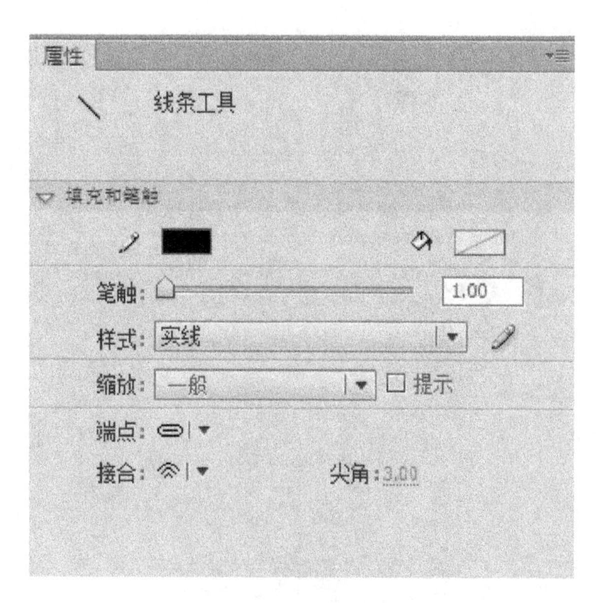

图 2-15　直线属性面板

其中 为调节线条颜色的按钮，单击该按钮会出现【调色板】对话框，同时光标变成吸管状，用吸管直接拾取调色板上的颜色或在面板中以“#”开头直接输入颜色的 16 进制数值即可以改变直线的颜色，如“#4D4D4D”，如图 2-16 所示。

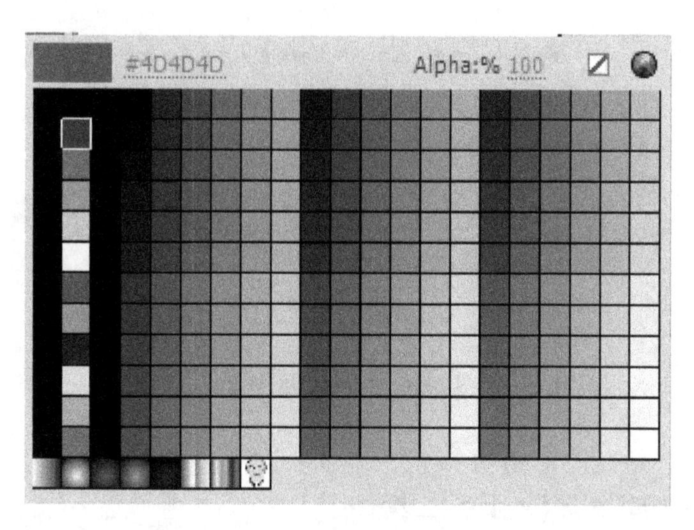

图 2-16　调节直线颜色

单击【属性】面板中的【自定义】按钮，会弹出【笔触样式】对话框，如图 2-17 所示。

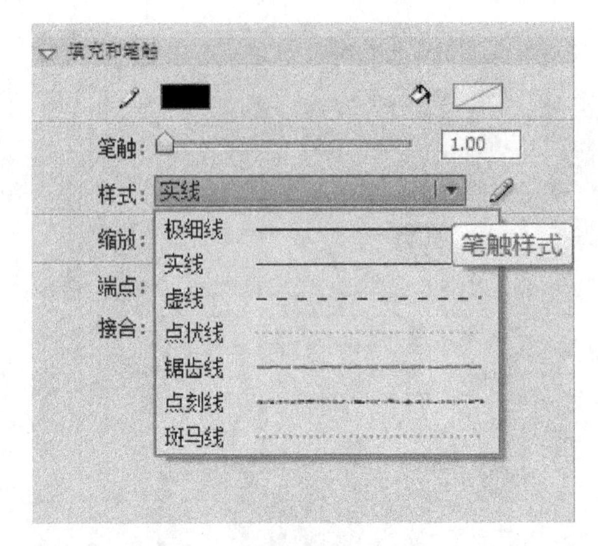

图 2-17　【笔触样式】对话框

不同的笔触样式可以绘制出不同的线条，如图 2-18 所示。

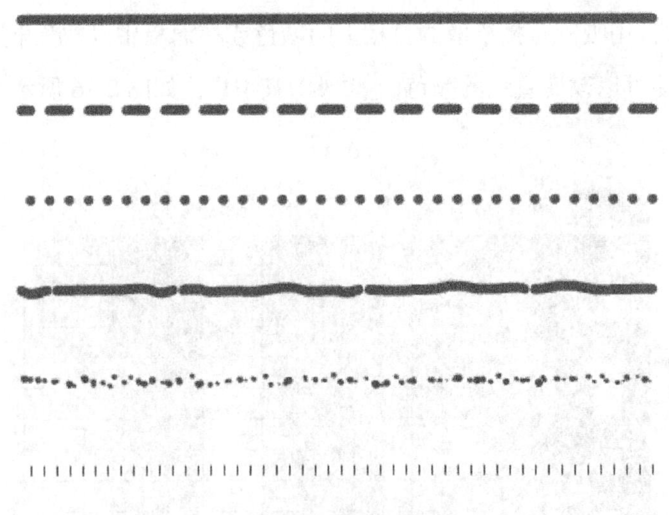

图 2-18　不同类型的线条

(2)【滴管】工具和【墨水瓶】工具。

【滴管】工具的快捷键为(I)，【墨水瓶】工具的快捷键为(S)，【滴管】工具和【墨水瓶】工具可以很快将一条线条上的颜色样式套用到另一条线条上，如图 2-19 所示。

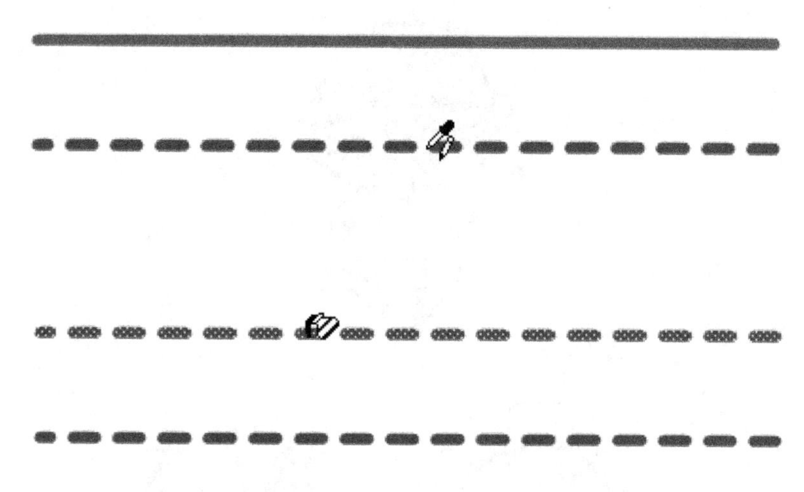

图 2-19 使用【滴管】、【墨水瓶】工具改变线条属性

用【滴管】工具点击下方直线，鼠标的指针会自动变成【墨水瓶】工具的样式，再点击上方直线，就会使上方的直线的样式、颜色变得与下方直线相同。

(3)【选择】工具，快捷键为(V)。

用【选择】工具可以选择和移动对象，同时也能改变线条的形状或对象轮廓的形状。

点击【选择】工具，移动至图形上，单击可选择鼠标所在区域的线段或者填充色，双击则可以把这个区域的线条和填充色同时选择上。运用鼠标对想选择的区域进行框选，则可以只选择框选范围内的内容，如图 2-20 所示。

用【选择】工具同时能更改直线的方向长短或轮廓的形状，【选择】选择工具，移动至直线的端点处，指针的右下角变成直角状，拖动鼠标可改变直线的方向和长短，如图 2-21 所示。

将鼠标移至线条中任意一处，指针的右下角会变成弧形，拖动鼠标可将直线变成曲线，如图 2-22 所示。按住【Ctrl】键可以为直线增加一个直角的节点，如图 2-23 所示。

2.3.3 【钢笔】工具和【部分选取】工具

(1)【钢笔】工具，快捷键为(P)。

【钢笔】工具用于绘制具有控制节点的贝塞尔曲线，贝塞尔曲线是由 2 个或者 2 个

图 2-20　【选择】工具的运用

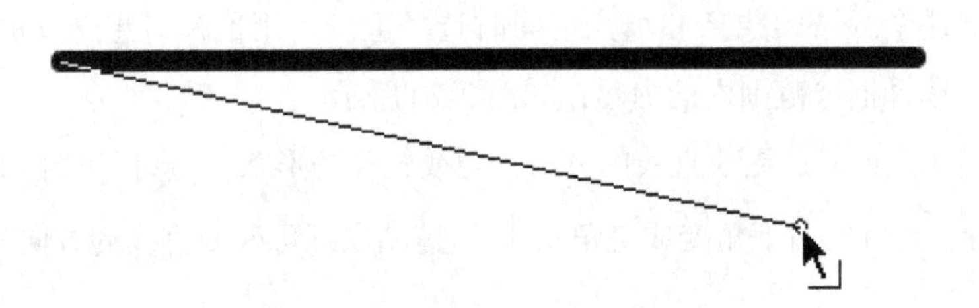

图 2-21　鼠标移至端点

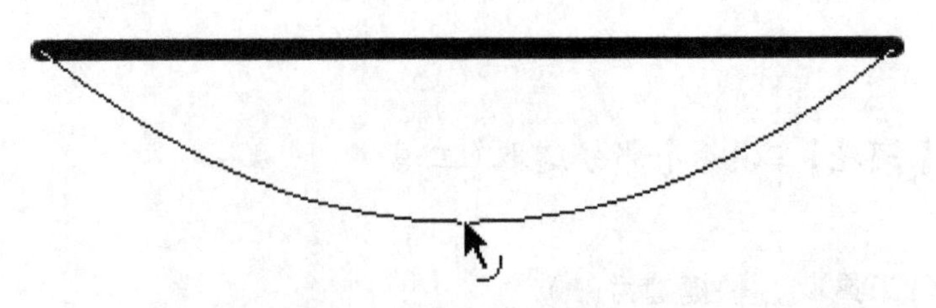

图 2-22　鼠标移至中间拖出弧线

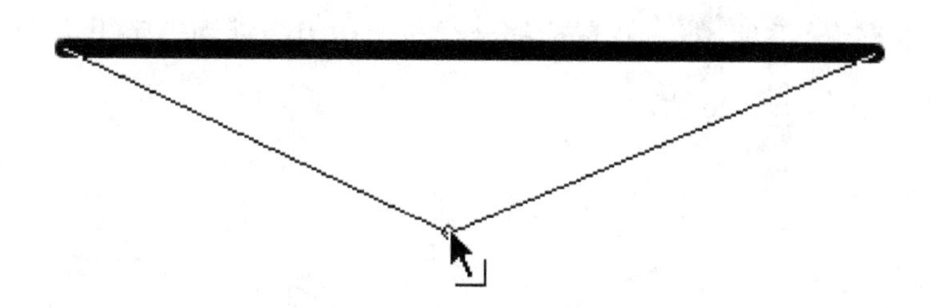

图 2-23　鼠标移至中间增加节点拖出直角

以上节点组成的线段。【钢笔】工具本身具有绘图功能，同时通过增加或删减节点达到改变其他曲线的作用。

要绘制直线，可在舞台上随意的位置连续点击左键，点击的点之间就可以连成直线，当鼠标点击点与开始的点重合时，指针会出现圆圈标示，代表可以将起点与终点结合，形成封闭的图形，如图 2-24 所示。

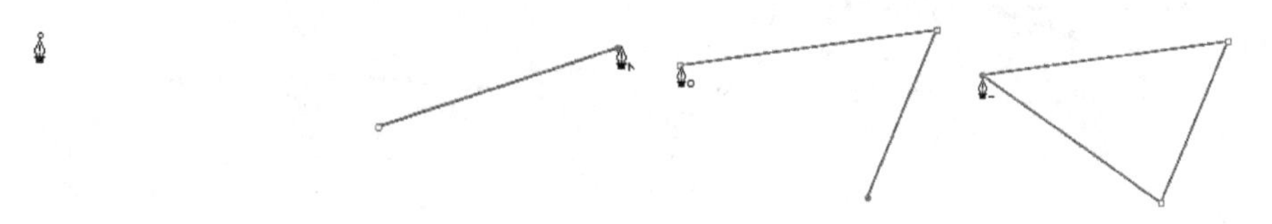

图 2-24　【钢笔】工具绘制直线

如要绘制曲线则在线段的开始点单击，在结束点左键点击不放调动手柄角度直至线条达到预期弧度再松手，如图 2-25 所示。线条绘制结束可按【Esc】键结束线条的绘制。

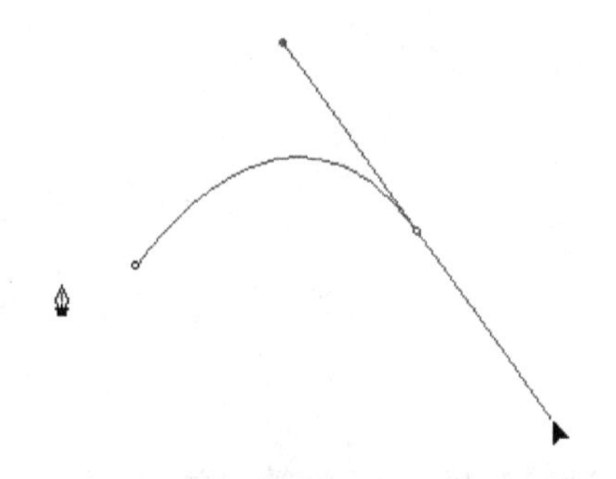

图 2-25　【钢笔】工具绘制曲线

想要对绘制出的线条进行调整，我们可为线条增加节点，在【钢笔】工具的下拉菜单中选择【添加锚点】工具，将鼠标移至线段上，当指针钢笔旁出现“+”号时则可以增加线段的节点，如图 2-26 所示。

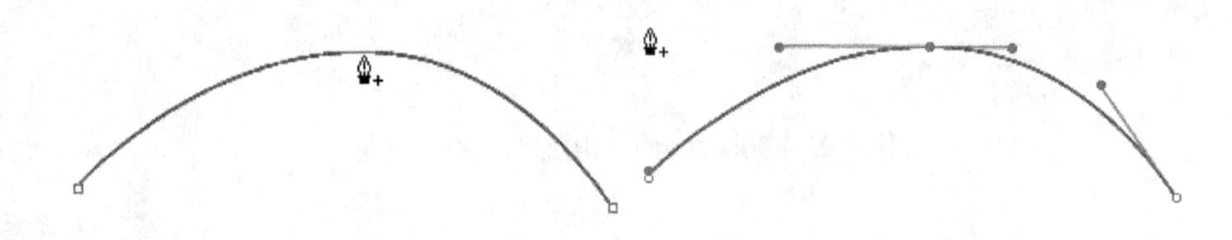

图 2-26　【钢笔】工具添加节点

同理，选择【删除锚点】工具，可减少节点，当指针钢笔旁出现“-”号时就可以删除当前节点了，如图 2-27 所示。

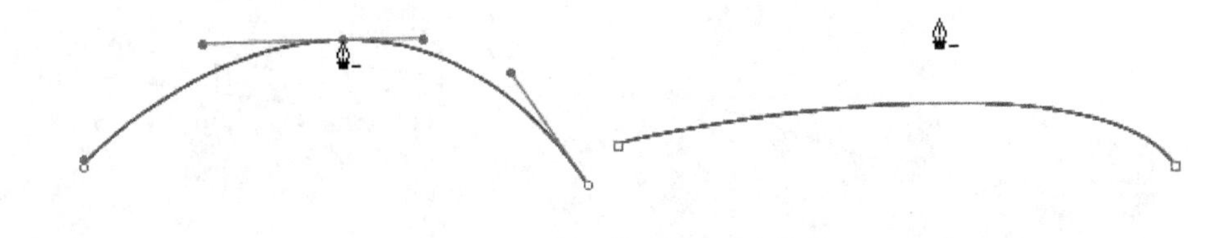

图 2-27　【钢笔】工具删除节点

选择【转换锚点】工具，可以把圆形的线段变成直角线段，当指针钢笔旁出现尖角符号时，就可以转换节点了，如图 2-28 所示。

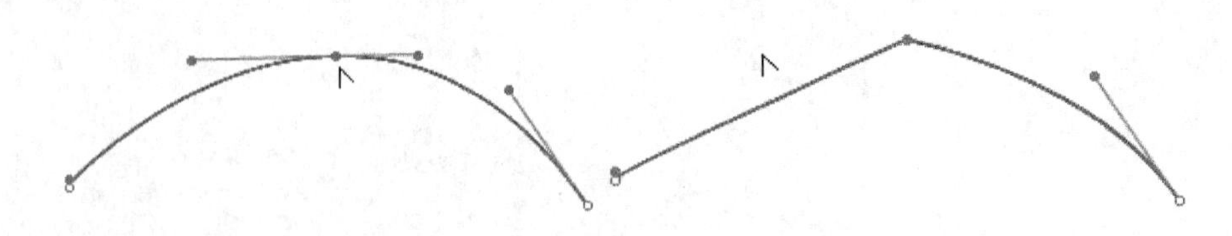

图 2-28　【钢笔】工具转换节点

(2)【部分选取】工具，快捷键为(A)。

【部分选取】工具主要是用来调节曲线的，选择【部分选取】工具点击节点会出现 2

个控制柄，对节点和控制柄进行调节就可以改变线段的弧度了。按住【Alt】键只调节单边的手柄，如图 2-29 所示。

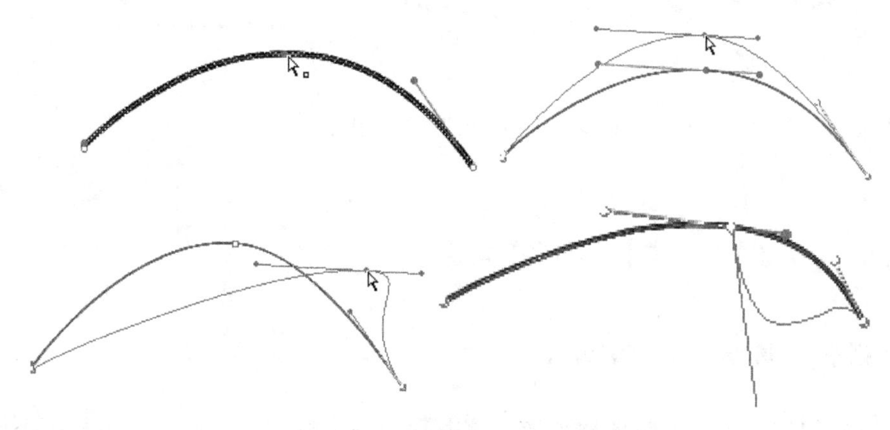

图 2-29 【部分选取】工具调节曲线

按住【Alt】键使用【部分选取】工具可以把直角线条变成圆角线条，如图 2-30 所示。

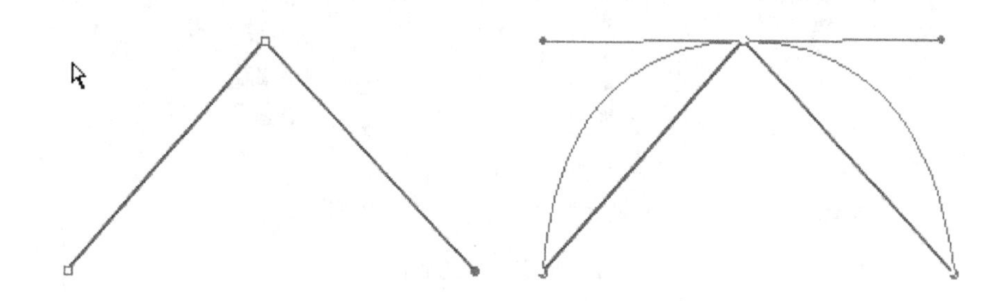

图 2-30 【部分选取】工具调节曲线

2.3.4 【铅笔】工具

【铅笔】工具，快捷键为(Y)。

使用【铅笔】工具可以任意地绘制线条和图形，【铅笔】工具的绘图模式分为【伸直】、【平滑】和【墨水】3 种，选择不同的绘图模式可以决定线条以何种模式模拟手绘的轨迹，如图 2-31 所示。

图 2-31　不同模式的铅笔线条

2.3.5　【刷子】工具与【喷涂刷】工具

(1)【刷子】工具，快捷键为(B)。

使用【刷子】工具可以绘制各种图形，该图形为一个填充区域。刷子工具有不同的形状、大小和模式，如图 2-32 所示。

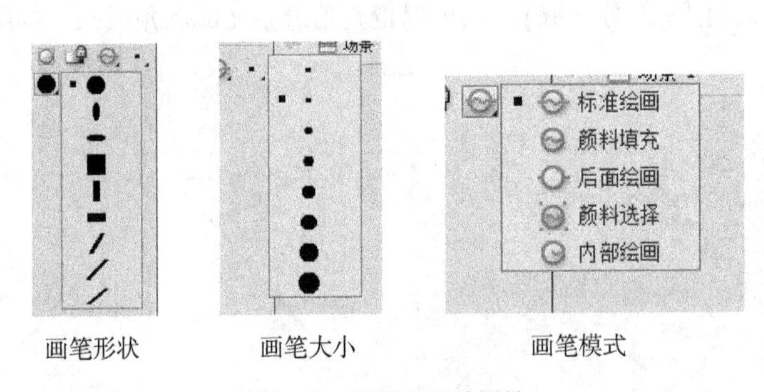

图 2-32　画笔工具的属性

【标准绘画】：直接在线条和填充区域上涂刷，如图 2-33 所示。

图 2-33　【标准绘画】

【颜料填充】：在填充区域和空白区域上涂刷，不影响边框线，如图 2-34 所示。

图 2-34 【颜料填充】

【后面绘画】：在空白区域内涂刷，不影响边框线和填充区域，如图 2-35 所示。

图 2-35 【后面绘画】

【颜料选择】：仅涂刷选顶区域内的颜色，不影响边框线，如图 2-36 所示。

图 2-36 【颜料选择】

【内部绘画】：仅涂刷画笔起点所在的区域，不影响边框线，如图 2-37 所示。

图 2-37　【内部绘画】

(2)【喷涂刷】工具，快捷键为(B)。

【喷涂刷】工具可以随机地在舞台上重复喷涂图形，运用系统默认的设置可在舞台上随机喷涂黑色的小点，如图 2-38 所示。点开【窗口】→【属性】→【编辑】，可以将【库】中元件的图形用喷涂刷喷涂出来，如图 2-39 所示。

图 2-38　默认喷涂

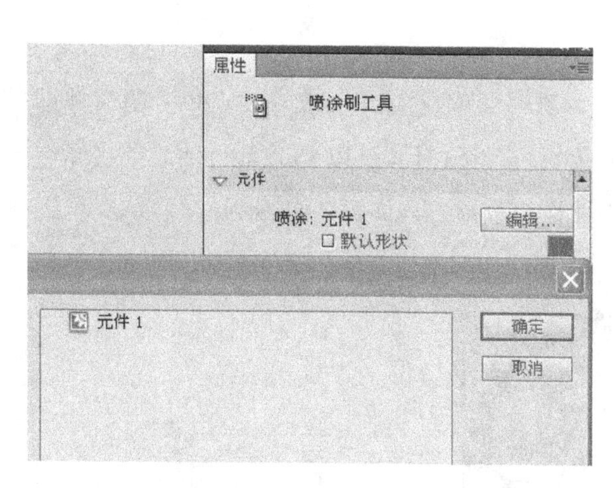

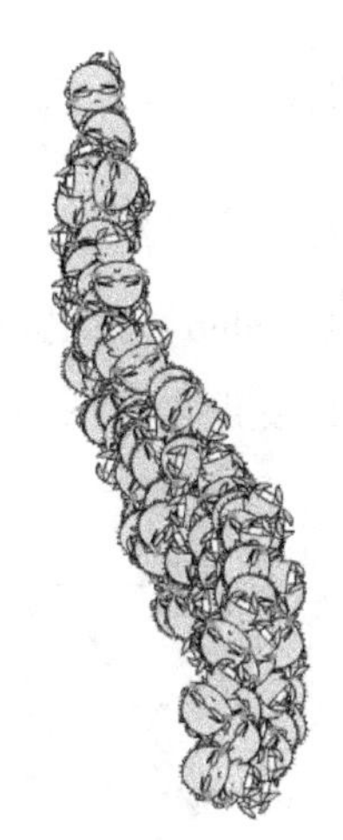

图 2-39　自定义喷涂

2.3.6 【任意变形】工具

【任意变形】工具，快捷键为(Q)。

使用【任意变形】工具可以随意变形选择的对象。用工具箱中的任意变形工具单击对象可对对象进行旋转、倾斜、缩放、扭曲和封套 4 种变形。其中旋转、倾斜、缩放可以支持所有的矢量图图形进行变形，而扭曲和封套仅支持形状的变形，而不支持元件的变形。

选择【任意变形】工具，单击舞台上的角色，这时角色被一个方框包围，中间有个小圆点，这个是变形点，当我们对其进行操作时都是以它为中心改变形状的，如图 2-40 所示。

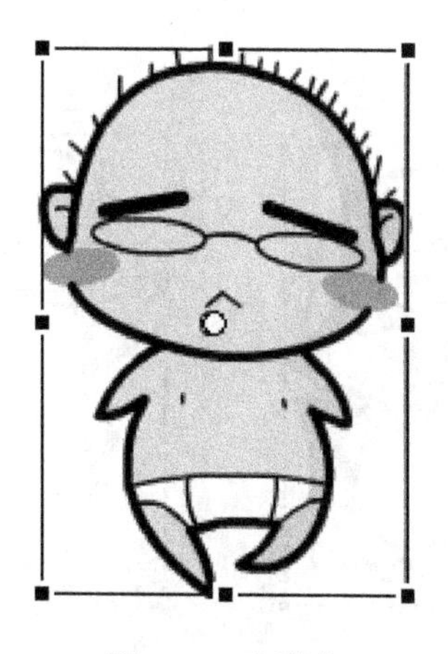

图 2-40　变形点

(1) 缩放。

将鼠标放至方框的右上角，鼠标变成双向箭头状，"45°"角拉伸即可放大或缩小角色，按住【Shift】等比例缩放角色，按住【Alt】以变形点为轴心缩放角色，同时按住这 2 个键即以变形点为轴心等比例缩放角色，如图 2-41 所示。

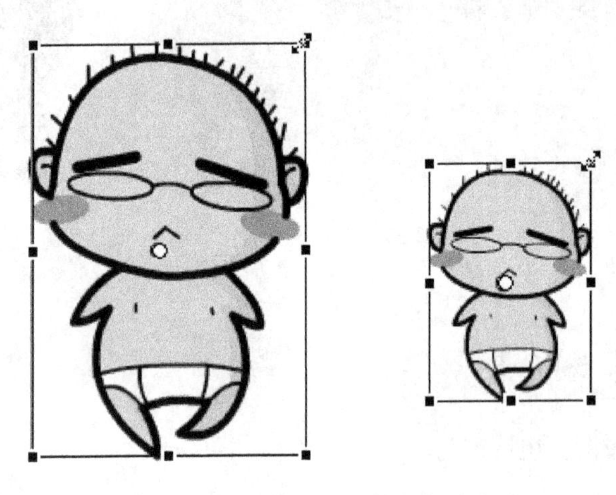

图 2-41　缩放角色

(2) 旋转与倾斜。

将变形点拖至角色的脚尖处，如图 2-42 所示。再把鼠标移至方框的右上角，鼠标变形成圆弧状，向下拖动鼠标，角色就会围绕变形点进行旋转，在适当位置松开鼠标，角色的旋转就制作完成了，如图 2-43 所示。

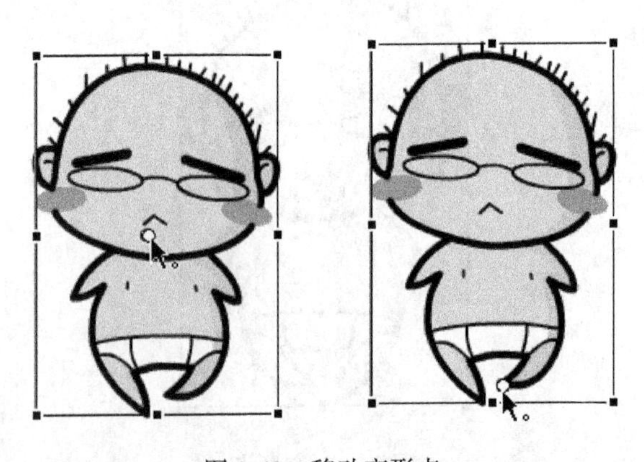

图 2-42　移动变形点

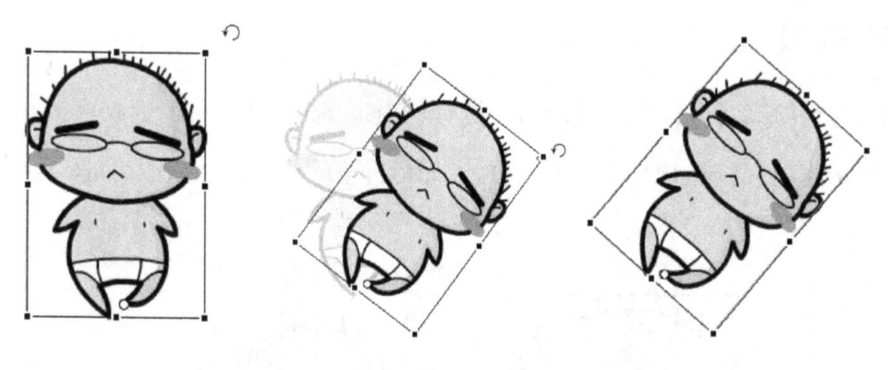

图 2-43 旋转角色

在工具箱中选择【旋转与缩放】选项，将鼠标放至方框的上部的边线上，鼠标变成左右箭头的形状，按住【Alt】键进行左右移动，角色就会以变形点为中心进行倾斜，如图 2-44 所示。如不按住【Alt】键则以方框的下边线为基准进行倾斜，如图 2-45 所示。

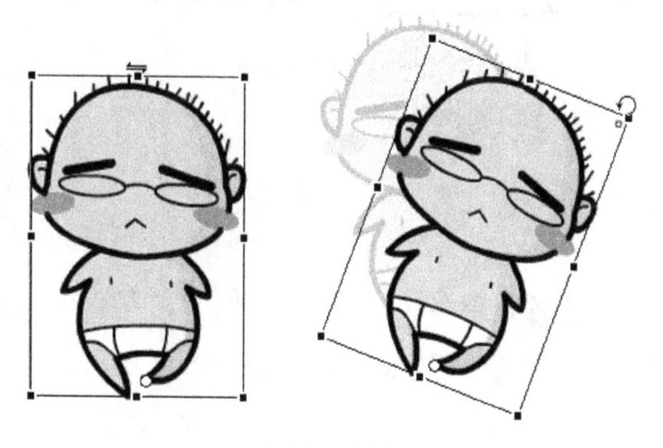

图 2-44 按住【Alt】键的倾斜效果

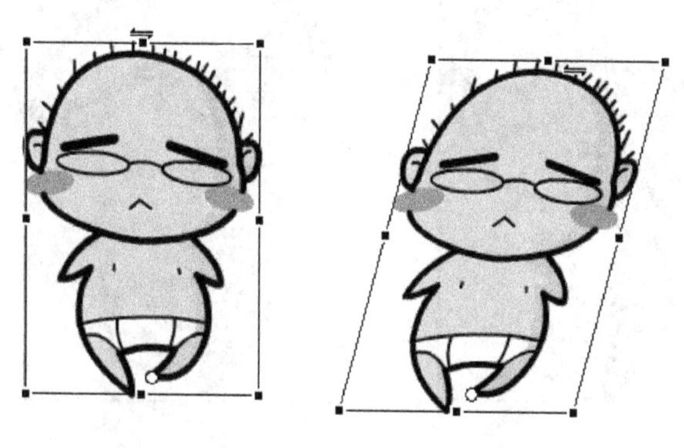

图 2-45 放开【Alt】键的倾斜效果

(3)【扭曲】。

当角色为【形状】时，在【工具箱】中选择【扭曲】选项，将鼠标放置到方框的右上角，鼠标变成空心箭头状，进行拖拉，即可对角色进行扭曲变形，如图 2-46 所示。

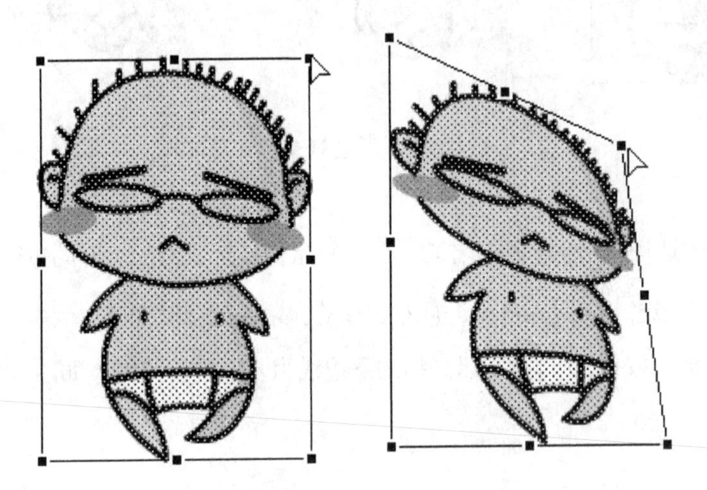

图 2-46　扭曲角色

(4)【封套】。

当角色为形状时，在工具箱中选择【封套】选项，方框的四周会多出 4 个节点，对节点的手柄进行调节，就能扭曲角色的形状，如图 2-47 所示。

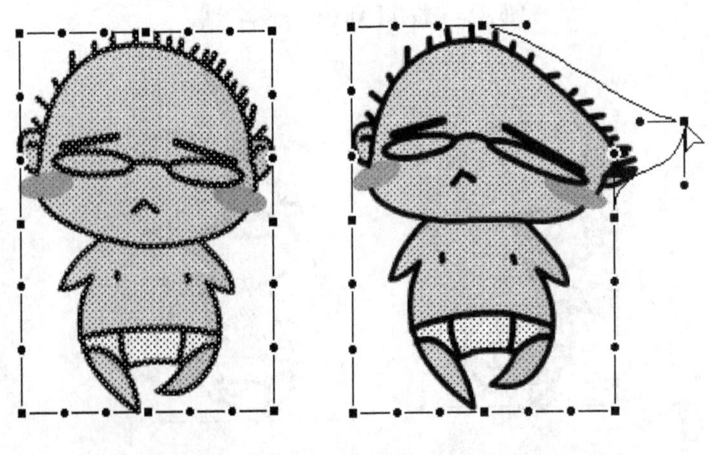

图 2-47　封套图

2.4 填充图形颜色

2.4.1 【填充变形】工具

【填充变形】工具快捷键为(F)。

【填充变形】工具是用来调整颜色渐变的工具，其在【任意变形】工具的下拉菜单中，可以分别进行线性渐变填充、放射状渐变填充和位图填充进行调整。

(1)调整线性填充。

调整颜色分布的方向，调整线性渐变过渡色的覆盖范围，调整线性渐变颜色的中心点，如图 2-48 所示。

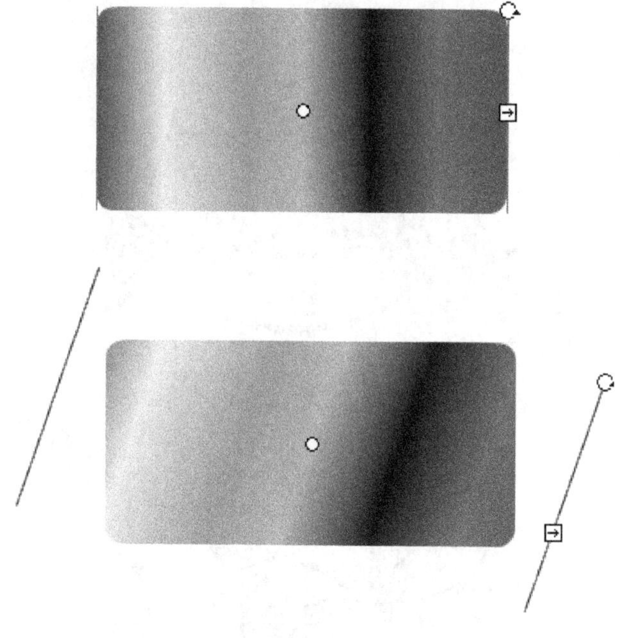

图 2-48 调整线性填充

(2)调整放射状填充。

调整旋转颜色的方向，调整放射状渐变颜色的宽度，调整放射状渐变颜色的中心点，增大或缩小渐变颜色的范围，如图2-49所示。

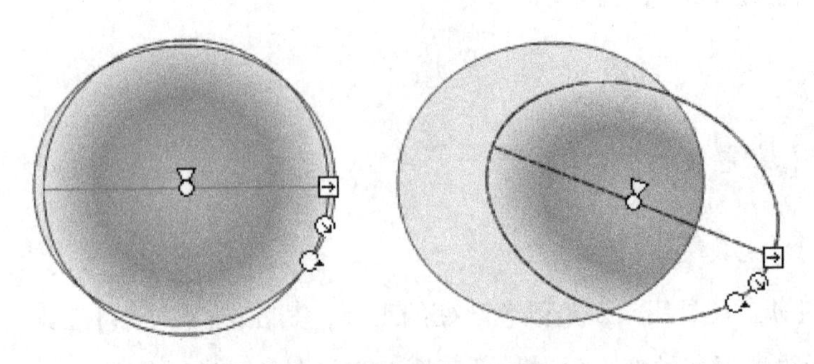

图2-49　调整放射状填充

(3) 调整位图填充。

对填充的位图进行等比例缩放，调整填充的位图的长和宽，调整填充的位图的中心点，对填充的位图的长或宽进行倾斜，旋转填充的位图图形，如图2-50所示。

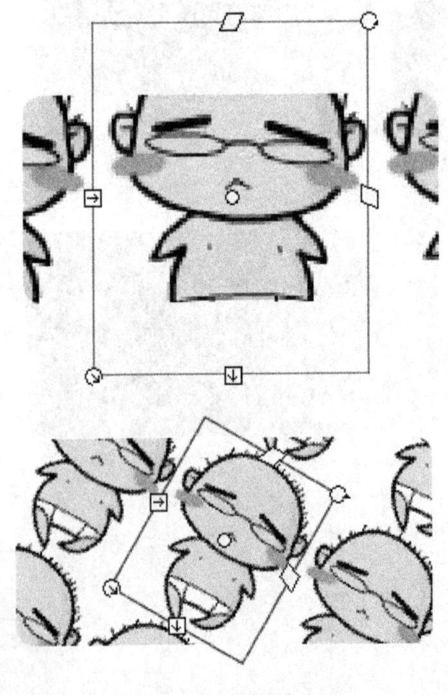

图2-50　位图填充

2.4.2 【套索】工具

【套索】工具，快捷键为(L)。

用【套索】工具可以圈选对象，【套索】工具有【魔术棒】和【多边形】两种模式，可以拖动出不规则或多边形的选取范围，如图2-51所示。

图2-51 套索工具的属性

(1)点击【魔术棒】工具选择对象，可以选中曲线区域的颜色和边框线，选择【魔术棒】工具，按住鼠标不放拖动，可围成任意的曲线区域，单击【魔术棒】设置，则可打开【魔术棒设置】面板，可设置【魔术棒】的相关参数，如图2-52所示。

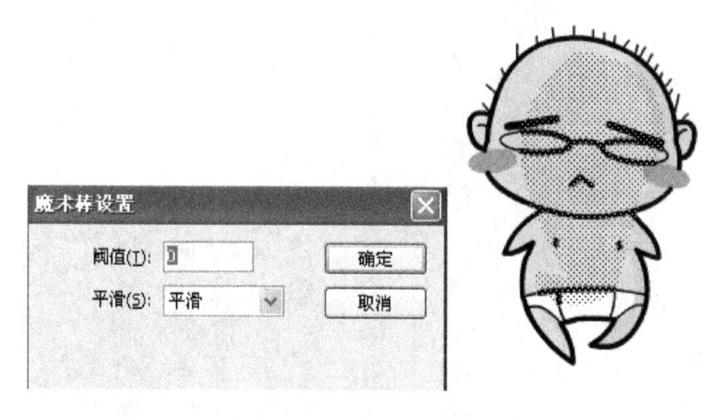

图2-52 【魔术棒】工具的运用

(2)点击【多边形】模式选择对象，可以选中直线区域的颜色和边框线，在该模式下，通过在图形的多个位置多次单击鼠标，最后双击鼠标可围成多边形区域，如图2-53所示。

图 2-53 【多边形】模式的运用

2.4.3 【橡皮擦】工具

【橡皮擦】工具，快捷键为(E)。

【橡皮擦】工具可以对边框线和填充进行擦除。【橡皮擦】工具有不同的形状、大小和模式，如图 2-54 所示。双击【橡皮擦】工具可以擦出舞台上的所有图形。

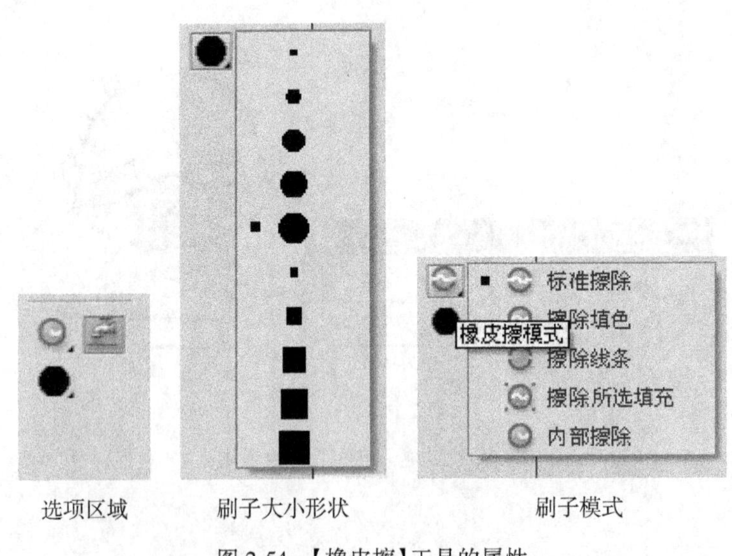

图 2-54 【橡皮擦】工具的属性

【标准擦除】：可以擦除同一层上的笔触和填充色，如图 2-55 所示。

图 2-55　【标准擦除】

【擦除填色】：可以擦除填色，不影响边框线，如图 2-56 所示。

图 2-56　【擦除填色】

【擦除线条】：可以擦除边框线，不影响填充区域，如图 2-57 所示。

图 2-57　【擦除线条】

【擦除所选填充】 ：可擦除选择区域内的填充，不影响边框线，如图 2-58 所示。

图 2-58 【擦除所选填充】

【内部擦除】 ：仅擦除橡皮擦起点所在的区域，不影响边框线，如图 2-59 所示。

图 2-59 【内部擦除】

【水龙头】 ：可以擦除封闭区域的整个填充或者一整段的边框线，如图 2-60 所示。

2.4.4 【纯色】编辑面板

在工具箱的下方单击【填充色】 按钮，可以弹出【纯色】面板。在面板中可以选择系统设置好的颜色，如想设置纯色面板中没有的颜色，则可以单击面板右上方的【颜色选择】按钮 ，弹出【颜色】面板，如图 2-61 所示。

在面板右侧的【颜色选择区】中选择要自定义的颜色，滑动面板右侧的滑动条来设定颜色的亮度。选择好颜色后还可点击下方的"添加到自定义颜色"选项，把新建的颜色添加到右下角的自定义颜色中去，方便下次重复运用该颜色，如图 2-62 所示。

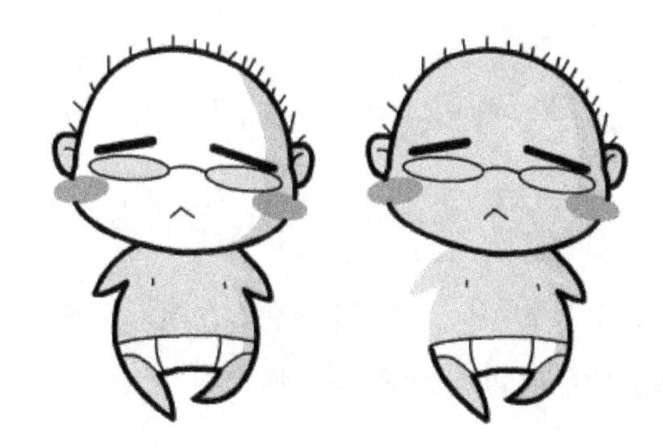

图 2-60 【水龙头】

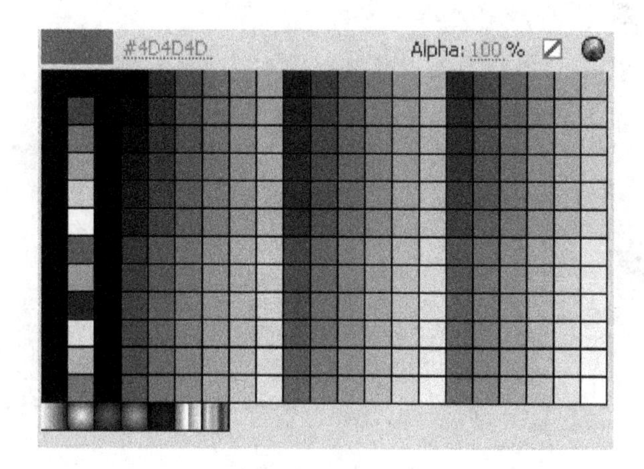

图 2-61 【纯色】面板

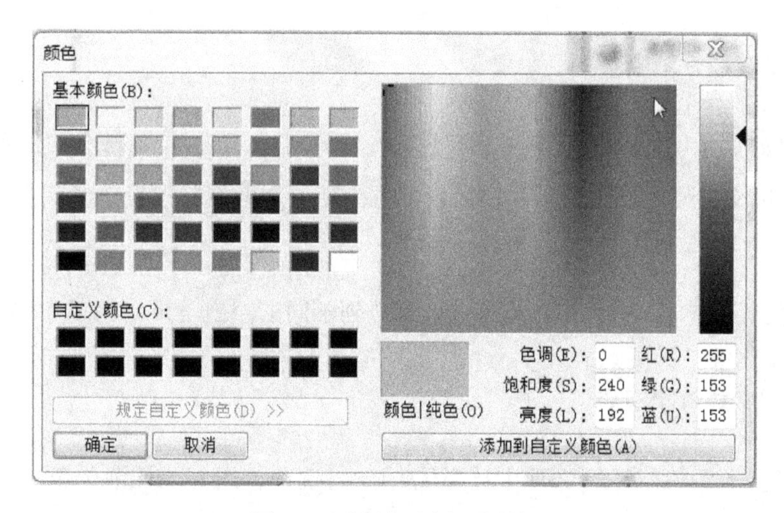

图 2-62 【颜色选择区】面板

2.4.5 【颜色】面板

选择【窗口】→【颜色】命令，弹出【颜色】面板。

(1) 自定义纯色。

在【颜色】面板的【类型】选项中，选择【纯色】选项。在面板下方的颜色选择区域内，可以根据需要选择相应的颜色，如图 2-63 所示。

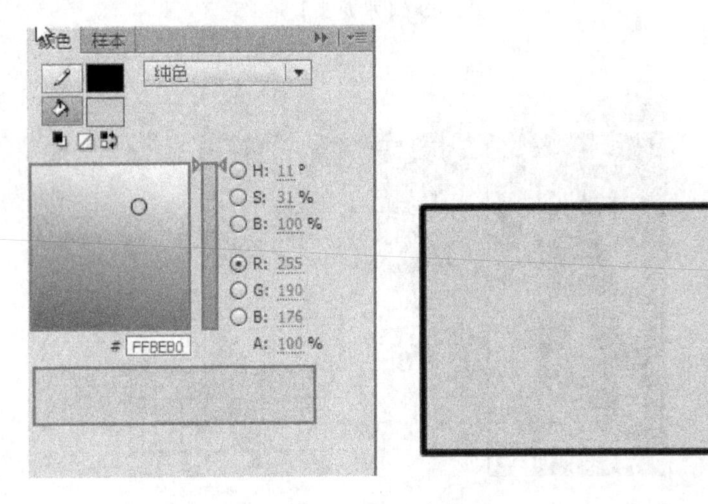

图 2-63　纯色填充

(2) 自定义线性渐变。

在【颜色】面板的【类型】选项中选择【线性】选项，将鼠标放置在滑动色带上，在色带上单击鼠标增加颜色控制点，并在面板下方为新增加的控制点设定颜色及明度，如图 2-64 所示。

选择【流】流: 的模式可以得到不同的溢出效果，如图 2-65 所示。

(3) 自定义放射状渐变。

在【颜色】面板的【类型】选项中选择【放射状】选项，用与线性渐变色相同的方法在色带上定义放射状渐变色，定义完成后，在面板的左下方显示出定义的渐变色，如图 2-66 所示。

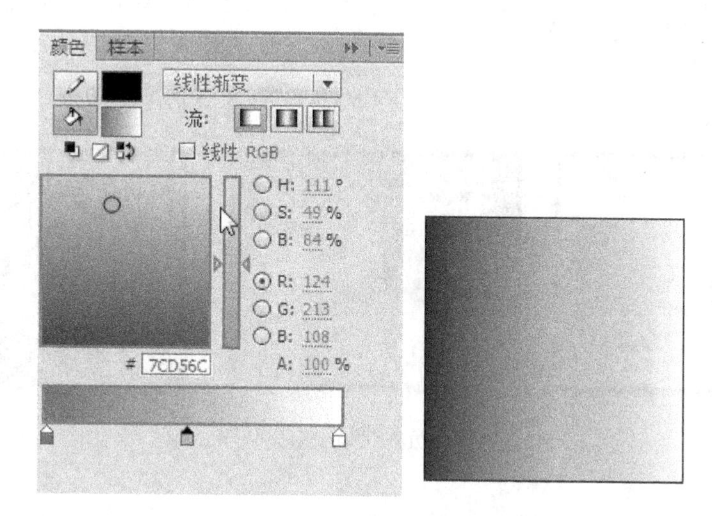

图 2-64 线性渐变填充

图 2-65 线性渐变填充模式

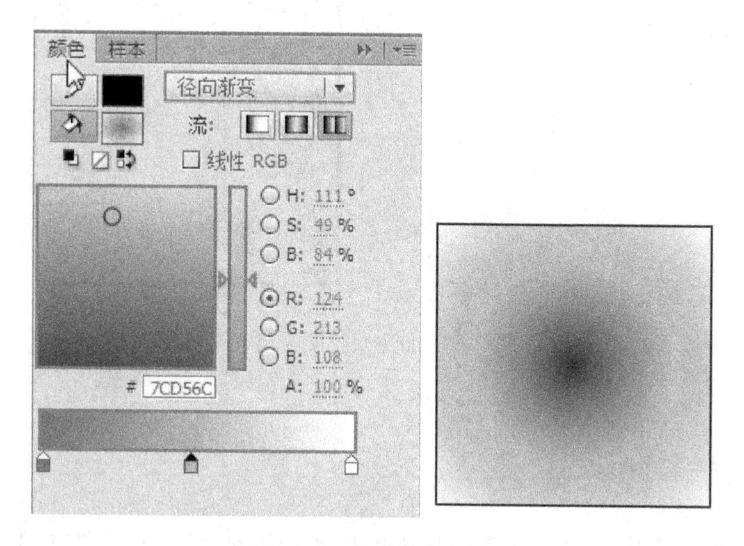

图 2-66 放射状渐变填充

选择【流】 的模式同样也可以得到不同的溢出效果，如图 2-67 所示。

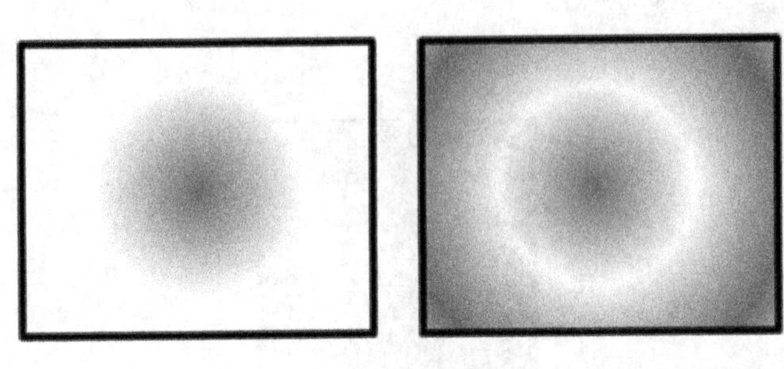
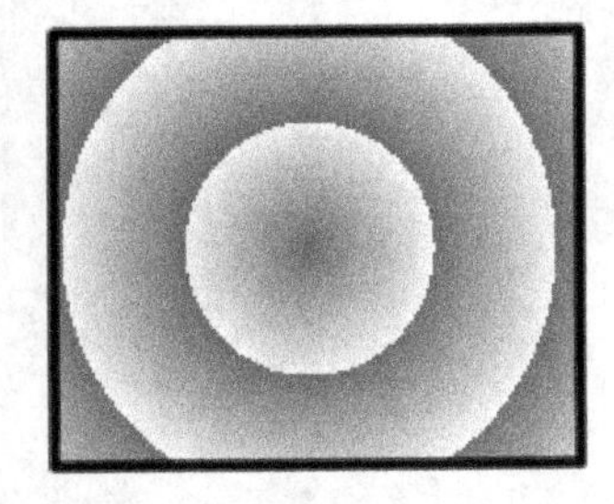

图 2-67 放射状渐变填充模式

(4)自定义位图填充。

在【颜色】面板的【类型】选项中，选择【位图】选项，弹出【导入到库】对话框，在对话框中选择要导入的图片，单击【打开】按钮，可将图片导入到【颜色】面板中进行使用，如图 2-68 所示。

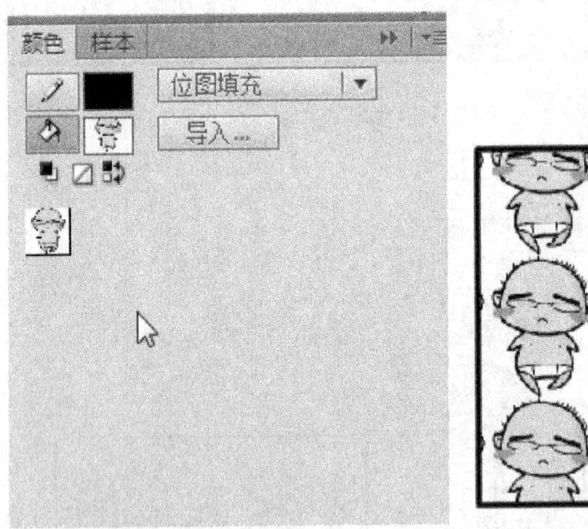

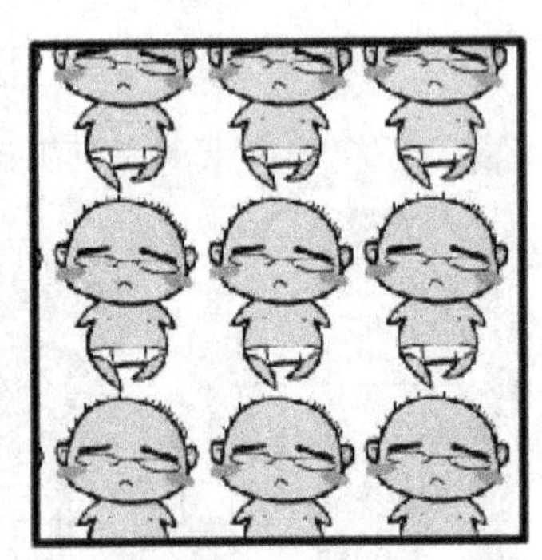

图 2-68 自定义位图填充

2.4.6 【样本】面板

在【样本】面板中可以选择系统提供的纯色或渐变色。选择【窗口】→【样本】命令，弹出【样本】面板。在控制面板中部的纯色样本区，系统提供了216种纯色，如图2-69所示。

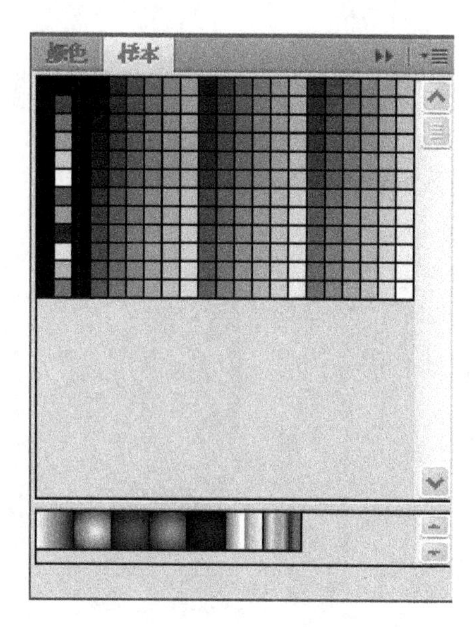

图2-69 【样本】面板

第 3 章　编辑与操作对象

3.1 对象的变形

3.1.1 缩放对象

选择【修改】→【变形】→【缩放】命令，在当前选择的图形上出现控制点，按住鼠标不放，向右上方拖曳控制点，用鼠标拖动控制点可成比例地改变图形的大小，如图 3-1 所示。

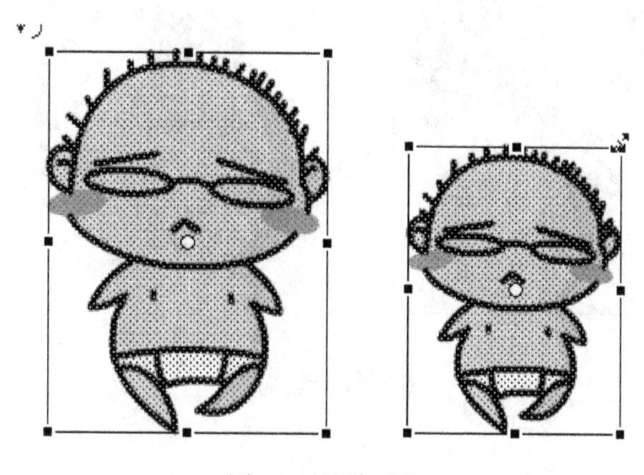

图 3-1 缩放对象

也可通过【变形】面板成比例地改变图形的大小，选择【约束】选项可以等比例缩放图形，取消【约束】选项则可以单独改变图形的长或宽，如图 3-2 所示。

图 3-2 通过【变形】面板调整图形缩放

3.1.2　旋转与倾斜对象

(1)旋转对象。

选择【修改】→【变形】→【旋转与倾斜】命令，在当前选择的图形上出现控制点，用鼠标拖动中间的控制点旋转图形，光标变为↶，拖动控制点旋转图形，如图 3-3 所示。

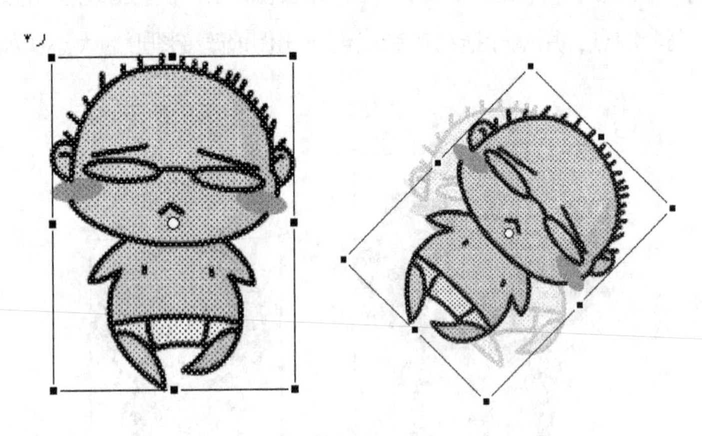

图 3-3　旋转对象

也可通过【变形】面板成比例地旋转图形，点击【重制选区和变形】可持续等比例地旋转或缩放图形。如图 3-4 为等比例缩放比例为"70"、旋转度数为"30"度连续点击的效果。

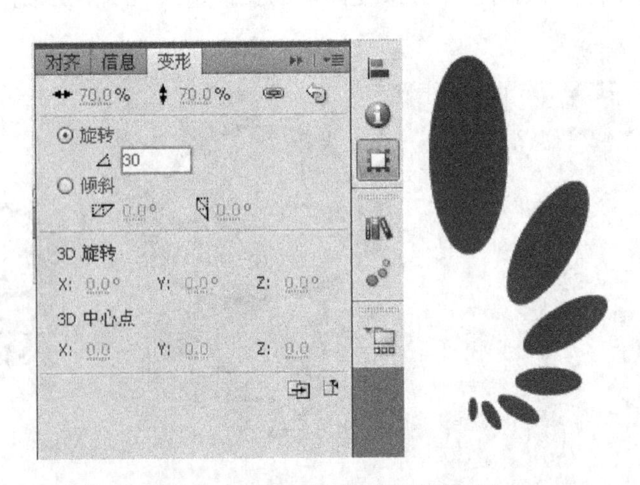

图 3-4　通过【变形】面板调整图形

(2)倾斜对象。

光标放在右上角的控制点上时，光标变为，按住鼠标不放，向右水平拖曳控制点，松开鼠标，图形变为倾斜，如图 3-5 所示。

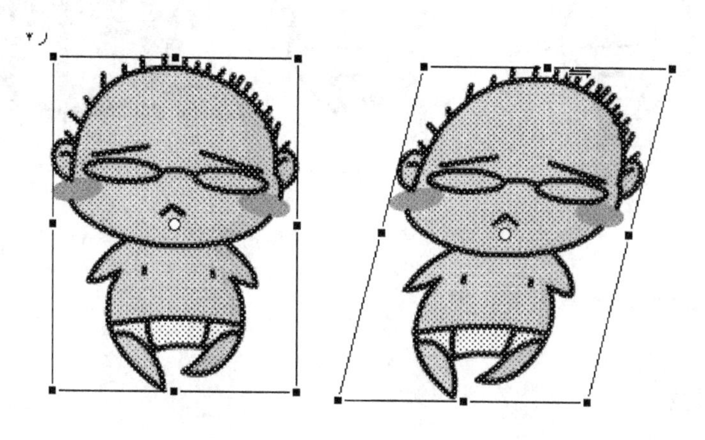

图 3-5　倾斜对象

同样也可通过【变形】面板成比例地倾斜图形，如图 3-6 所示。

图 3-6　通过【变形】面板倾斜对象

3.1.3　翻转对象

选择【修改】→【变形】中的【垂直翻转】、【水平翻转】命令，可以将图形进行翻转，如图 3-7 所示。

图 3-7　翻转对象

3.1.4　组合与分离对象

(1) 组合对象。

选中多个图形，选择【修改】→【组合】命令，或按【Ctrl+G】，将选中的图形进行组合，如图 3-8 所示。

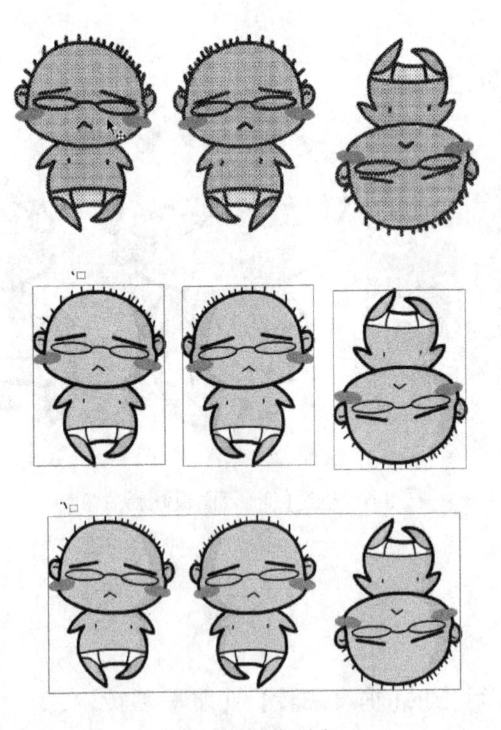

图 3-8　组合对象

(2)分离对象。

选中图形组合，选择【修改】→【分离】命令，或按【Ctrl+B】，将组合的图形打散，如图 3-9 所示。

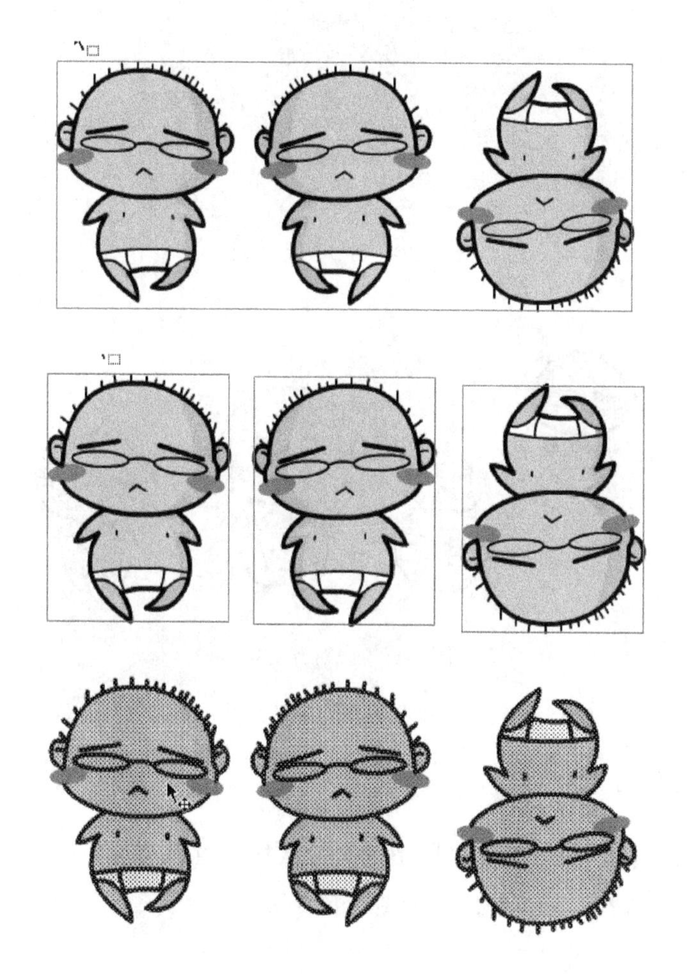

图 3-9 分离对象

3.1.5 对齐对象

当选择多个图形、元件时，可以通过【修改】→【对齐】命令调整它们的位置，也可通过【对齐变形】面板中的【对齐】选项进行调整，如图 3-10 所示。

如果要将多个图形的底部对齐。选中多个图形，选择【修改】→【对齐】→【底对齐】命令或点击 ，将所有图形的底部对齐，如图 3-11 所示。

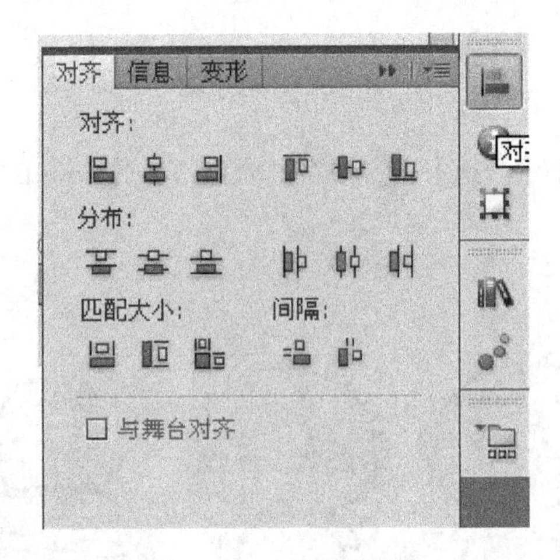

图 3-10　对齐变形面板

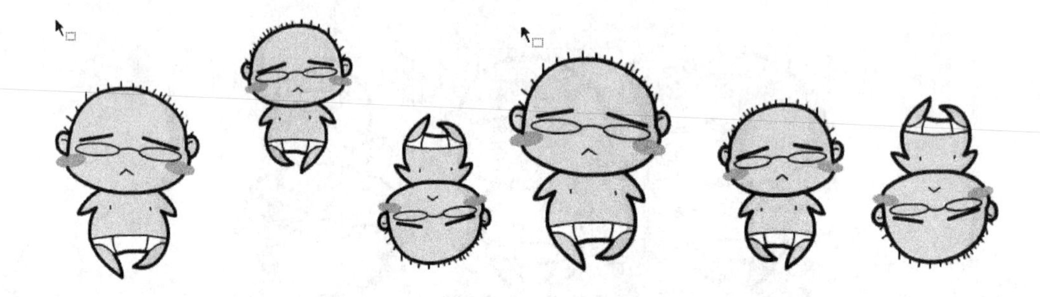

图 3-11　底对齐对象

3.1.6　叠放对象

通过【修改】→【排列】改变多个图形的叠放次序，可以实现不同的叠放效果，也可框选图形鼠标右键选择排列来完成，如图 3-12 所示。

图 3-12　叠放对象

3.2 对象的修饰

3.2.1 优化曲线

优化曲线可以将线条变得比较平滑，选中要优化的线条，选择【修改】→【形状】→【优化】命令，设置优化曲线属性，点击确定，线条被优化，如图3-13所示。

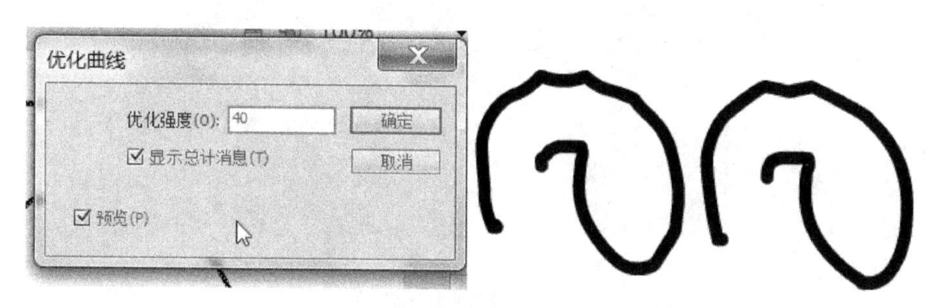

图3-13 优化线条

3.2.2 扩展填充

(1)扩展填充。

选择图形的填充色，选择【修改】→【形状】→【扩展填充】命令，弹出【扩展填充】对话框，选择【扩展】，调整距离后单击确定，选中的填充色向外扩展，如图3-14所示。

(2)收缩填充。

选择图形的填充色，选择【修改】→【形状】→【扩展填充】命令，弹出【扩展填充】对话框，选择【插入】，调整距离后单击确定，选中的填充色向内收缩，如图3-15所示。

3.2.3 柔化填充边缘

(1)插入柔化填充边缘。

选择填充色，点击【修改】→【形状】→【柔化填充边缘】命令，弹出【柔化填充边

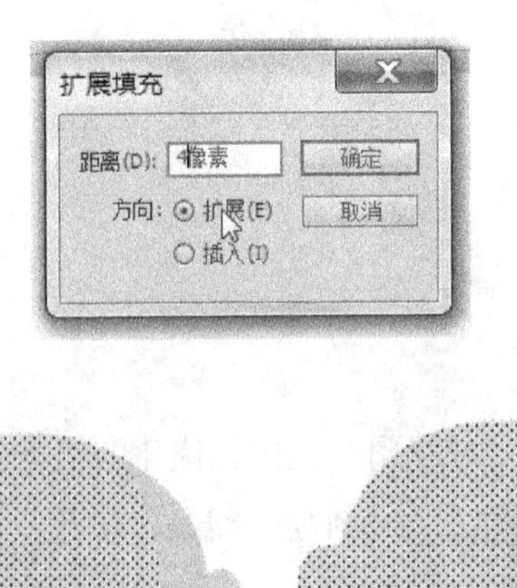

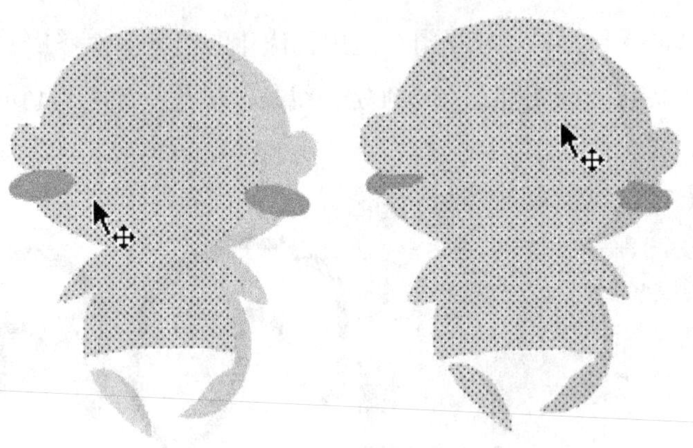

图 3-14　扩展填充效果

图 3-15　收缩填充效果

缘】对话框，选择【插入】，调整距离和步长数后单击确定，后完成图形的柔化填充边缘，如图 3-16 所示。

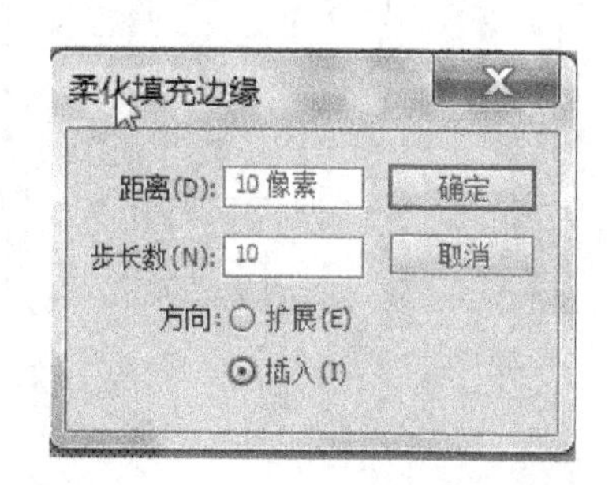

图 3-16 收缩柔化填充边缘效果

(2) 扩展柔化填充边缘。

选择图形的填充色，点击【修改】→【形状】→【柔化填充边缘】命令，弹出【柔化填充边缘】对话框，选择【扩展】，调整距离和步长数后单击确定，后完成图形的柔化填充边缘，如图 3-17 所示。

3.2.4 实例制作

制作小孩与腮红，如图 3-18 所示。

如果绘制的腮红过大，则可通过变形面板改变角色腮红的大小，并旋转腮红调节到

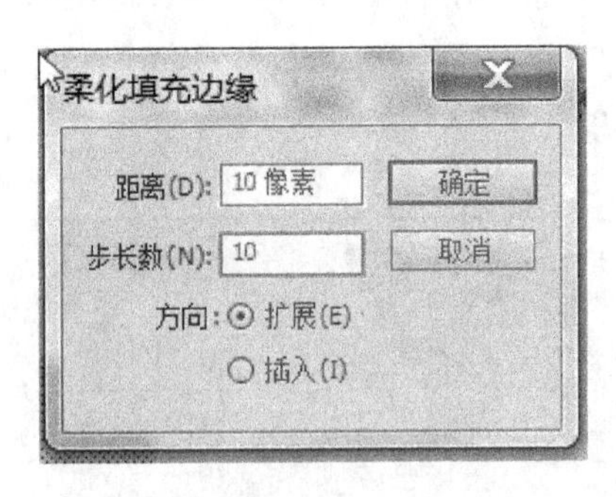

图 3-17　扩展柔化填充边缘效果

图 3-18　绘制角色

合适的角度，如图 3-19 所示。

图 3-19 调整腮红

将对象身体选择点击【Ctrl+G】转化成元件，保证腮红为图形，如图 3-20 所示。

图 3-20 转换对象为元件

选择腮红，选择【修改】→【形状】→【柔化填充边缘】命令，弹出【柔化填充边缘】对话框，选择【扩展】，调整距离为“5”步长数为“10”，后完成图形的柔化填充边缘，如图 3-21所示。

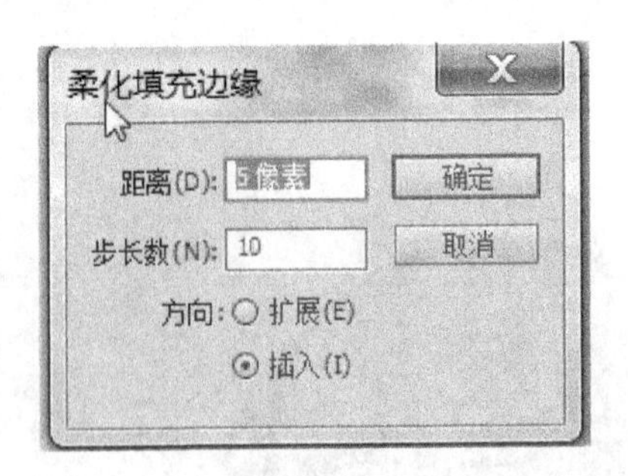

图 3-21　柔化填充边缘效果

点击【Ctrl+G】转化腮红为元件，如图 3-22 所示。

图 3-22　转换腮红为元件

点击【Alt+A】再复制一个腮红，将 2 个腮红放置在角色的两腮上，如图 3-23 所示。

图 3-23　复制并移动腮红

用同样的方法绘制角色关节处的红晕，如图 3-24 所示。

图 3-24 关节处的红晕的制作

将对象组合成元件，如图 3-25 所示。

图 3-25 将角色转换成元件

点击【Alt】键，复制 5 个对象，如图 3-26 所示。

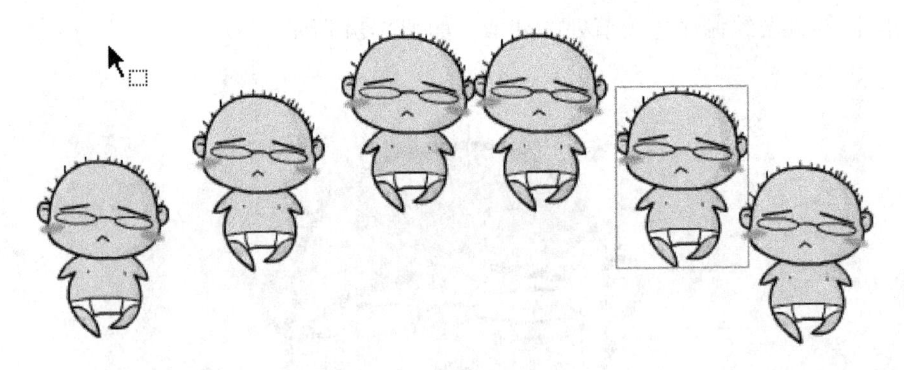

图 3-26　复制多个角色

点击【Shift】键，选择最上面的 2 个对象，打开【对齐】面板，选择【顶对齐】，如图 3-27 所示。

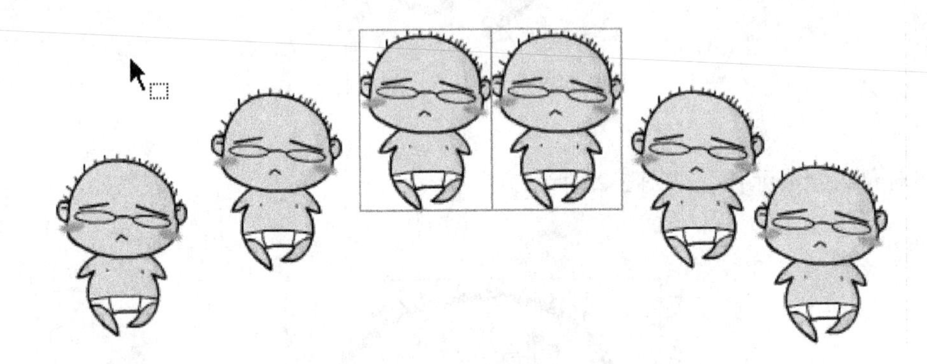

图 3-27　顶对齐

选择最下面的 2 个对象，选择【底对齐】，如图 3-28 所示。

图 3-28　底对齐

选择所有对象点选【水平居中分布】，如图 3-29 所示。

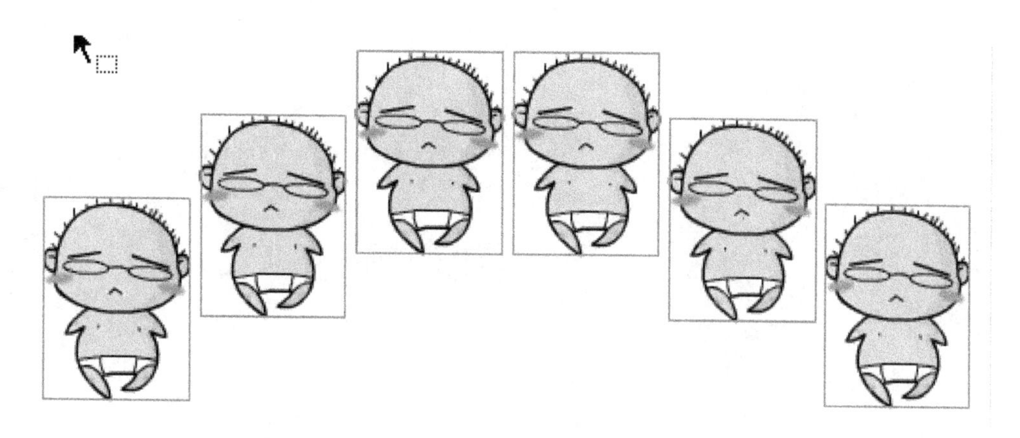

图 3-29　水平居中分布

分别选择左半边 3 个小人和右半边的 3 个小人，选择【垂直居中分布】，完成角色的制作，如图 3-30 所示。

图 3-30　垂直居中分布

第 4 章　文本应用与编辑

在运用 Flash 制作动画的过程中，文字的使用是必不可少的。对于文字的设置也有一些技巧，下面结合文字的【属性】面板，介绍文本工具的使用。

4.1　认识文本工具

在 Flash 工具面板上选择【文字】工具 T ，然后打开【属性】面板，Flash CS6 的文本工具分为【传统】文本与【TLF】文本，这两个之间的区别，前者是 Flash 里最常用的，可以用来制作动态和静态以及输入文件，【TLF】文本使用不多，主要用来在 flex 里增强文本布局。

对于传统文本，主要有三个选项，我们要根据自己的需要选择相应的文本。如果是用来做标签说明之类的，不需要更改，那就选择【静态】文本；如果在使用过程中要被脚本改变文字内容，就选择【动态】文本；如果作为文字输入框用来输入文字，那就选择【输入】文本，如图 4-1 所示。

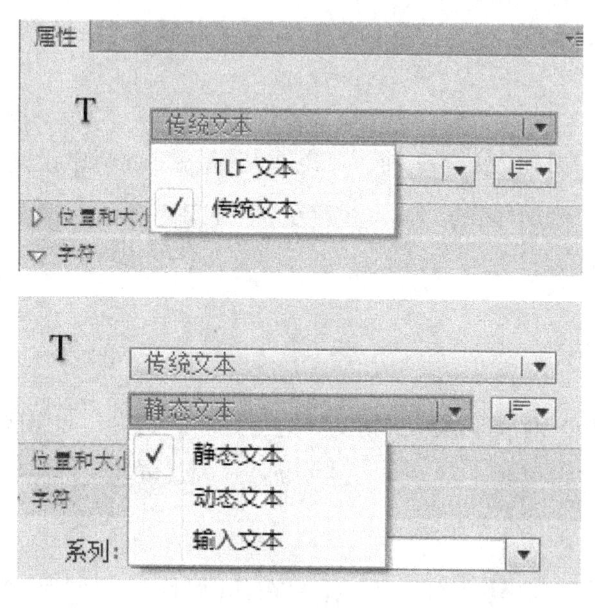

图 4-1　文本基本选项

创建一个新的文本可以选择【文本】工具 T ，在【属性】中调节【位置和大小】进行输入，也可以选择【文本】工具在需要的地方直接输入。如图 4-2 所示。

图 4-2 【文本工具】的输入

4.2 设置文本样式

在使用【文本工具】输入文本之前，可以在其【属性】面板中设置字符属性和段落属性。字符属性包括字体、样式、大小、颜色、字母间距和消除锯齿等；段属性包括格式、间距、边距和行为等。

4.2.1 字符

字符主要的作用是对文字的样式格式等进行控制。其中，使用嵌入文本的功能会增大文件内容，同时还可以防止一些初学者改动动画脚本里的字符，消除锯齿主要是优化文字的显示效果等，如图 4-3 所示。

新建 Flash 文档。选择【文本工具】T，在其【属性】面板中设置文本类型为、“静态文本”，字符大小为“50”点，然后在场景中点击鼠标左键建立文本框，并输入文本“Flash player”，如图 4-4 所示。

选择“sh”两字母，在【字符】菜单里调整【大小】的数值为“20”，得到如图 4-5 的效果。

图 4-3 消除锯齿效果

图 4-4 创建新文本

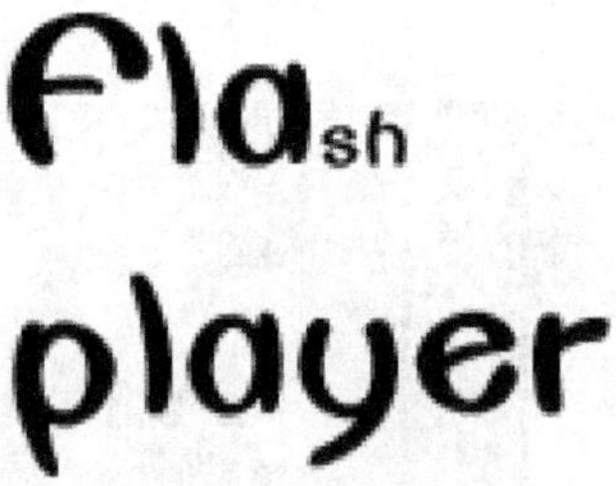

图 4-5　修改文字大小

选择【属性】中的 分别可以将字符变为上标或下标状态，如图 4-6 所示。

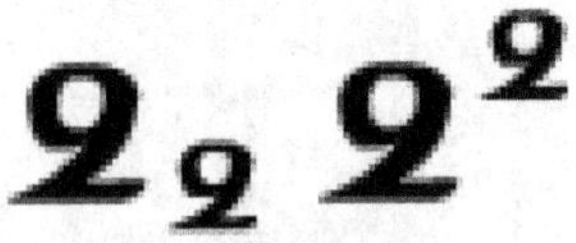

图 4-6　字符的上标与下标

4. 2. 2　段落

修改文本的段落样式主要是对文本的格式进行设置。在 Flash CS6 中，可以在文本的【段落】选项中直接进行设置，下面就以段落样式的设置方法为例进行详细介绍。

选中场景中所有的文本，展开属性板中的【段落】菜单，可看到格式的四个选项 格式: ，单击【居中对齐】工具，即可得到段落文本居中对齐显示在当前的场景中的效果，如图 4-7 所示。

图 4-7　居中对齐效果

4.2.3　文本间距

在【文本工具】的【属性】面板中能够更改文本的间距。现在紧接上个例子介绍如何对文本的间距进行修改。

首先将文本全部选中，在【属性】面板中展开【段落】菜单，修改【间距】右边的两个数值即可调节该文档的间距，如图 4-8 所示。

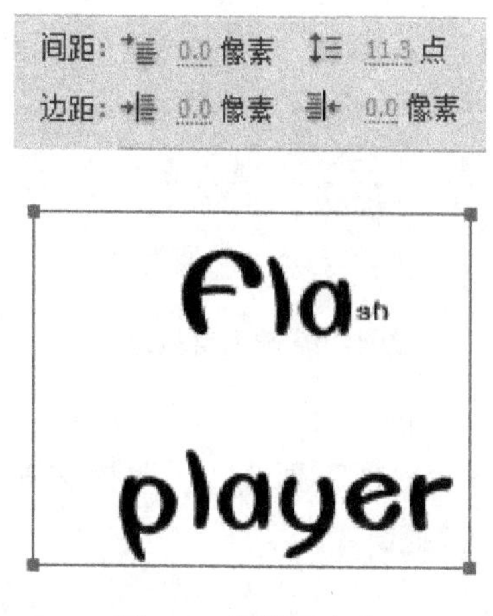

图 4-8　间距的变化

4.2.4　文本的方向

在【文本工具】的【属性】面板中可以更改静态文本的文本方向。下面继续以“暑假欢乐”为例体会文本方向的改变，如图 4-9 所示。

图 4-9　文本的方向

4.2.5　创建文本超链接

在【文本工具】的【属性】面板中，【选项】单下有【链接】功能，在此处添加链接地址就可以为文本添加超链接。文本建立了超链接后，单击该文本就可以转到其链接的文件。

在【属性】面板中展开【选项】菜单，在【链接】文本框中输入准备添加链接的网址“www. taobao con”，如图 4-10 所示。

图 4-10　输入链接地址

此时在“暑期欢乐”文字下面出现下画线，说明该文本已建立了超链接，如图 4-11 所示。

暑假欢乐

图 4-11　建立超链接后的文字

4.3　文本的分离与变形

4.3.1　分离文本

在 Flash CS6 软件中，可以通过分离文本轻松制作出字符的动画效果以及特殊的文本效果。文本在分离之后就不再具备文本的属性，不能再以修改文本属性的方式对其设置进行更改。分离文本的具体操作步骤如下：

打开 Flash 软件新建文档，选择【文本工具】T，在其【属性】面板中设置文本类型为“静态文本”，字符大小为“70”点，在场景中单击鼠标左键创建文本框，输入文字“flash”，如图 4-12 所示。

图 4-12 输入文本

选中全部文字，在菜单栏中选择【修改】→【分离】命令，鼠标右键【分离】命令，或直接使用快捷键【Ctrl+B】进行分离，如图 4-13 所示。

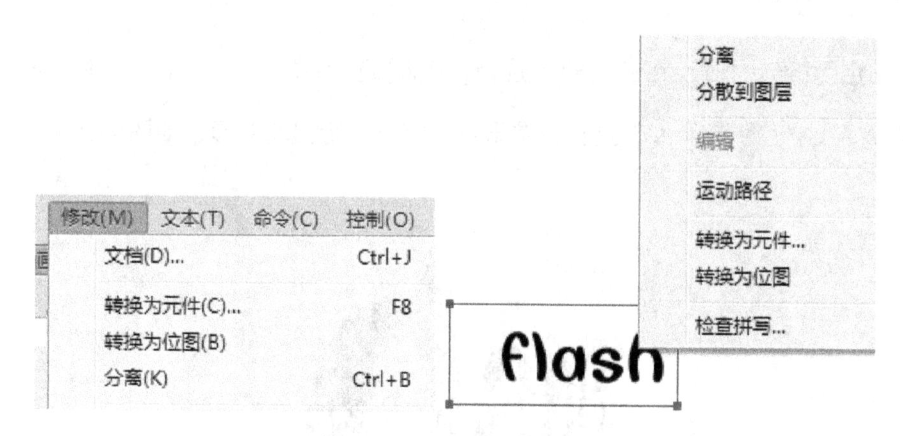

图 4-13 分离文本

场景中的文本已经分离，每个字均出现了各自单独的文本框，如图 4-14 所示。

图 4-14 分离后效果

再次执行【修改】→【分离】命令，或直接使用快捷键【Ctrl+B】，文本被完全分离，如图 4-15 所示。

图 4-15　完全分离后效果

4.3.2　文本的变形

当文本完全打散以后就可以运用【任意变形】工具对文本的形状进行变形。

(1) 扭曲字体。

当角色为【形状】时，在工具箱中选择【扭曲】选项，将鼠标放置到方框的右上角，鼠标变成空心箭头状，进行拖拉即可对字体进行扭曲变形，如图 4-16 所示。

图 4-16　字体的扭曲

(2) 封套。

当角色为形状时，在工具箱中选择【封套】选项，方框的四周会多出 4 个节点，对节点的手柄进行调节，就能扭曲角色的形状，如图 4-17 所示。

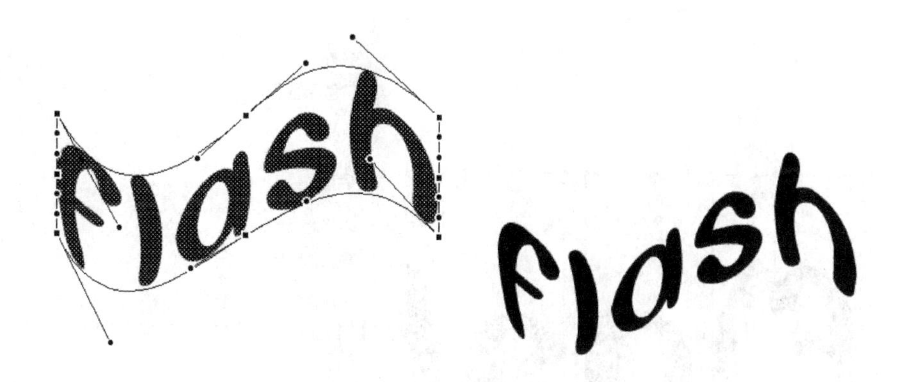

图 4-17　字体的封套

4.3.3　文本的色彩效果

单击工具栏中的【填充颜色】按钮，选择颜色框中最下面的【线性彩色渐变色】按钮，即可将文字变为彩色文字，如图 4-18 所示。

图 4-18　彩色文字效果

4.3.4　文字分部到各个图层

很多时候我们需要对文本中的每个字单独制作效果或动作，此时就需要文本框中的文字能够分布到单独的图层当中。单击鼠标右键选择【分散到图层】命令，即可将各字母分布到单独的图层当中，如图 4-19 所示。

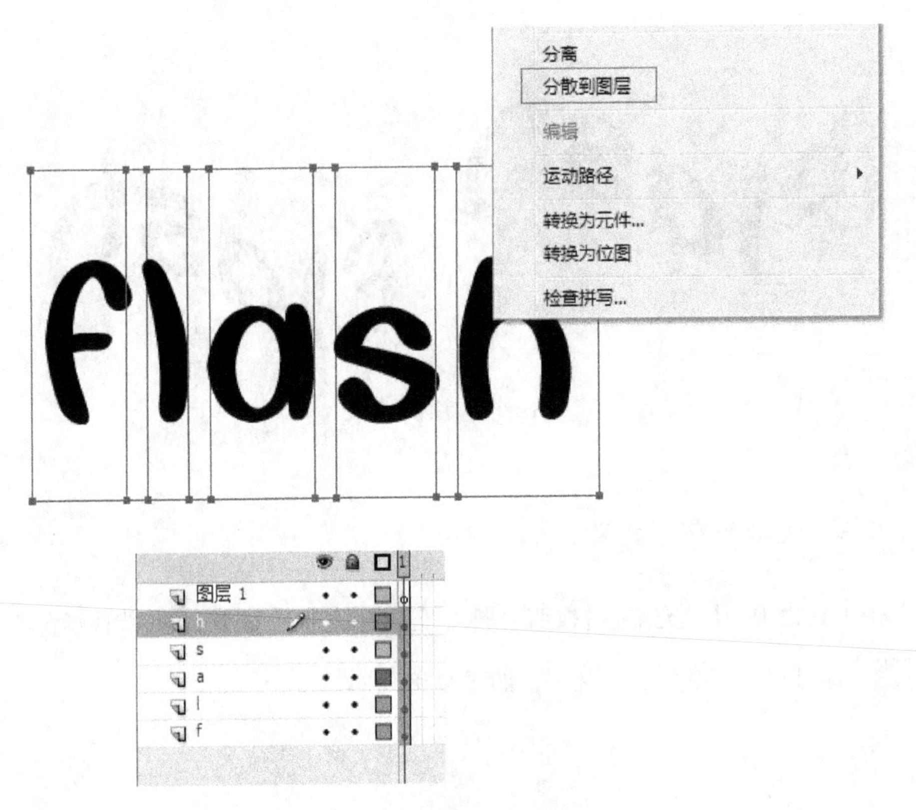

图 4-19　文字分布到各个图层效果

4.4　文本的滤镜效果

滤镜可将有趣的视觉特效加入至文字、按钮和影片片段中，Flash 可以将套用的滤镜制作成动画。

应用滤镜后，可随时改变选项或调整滤镜顺序组合成不同的效果，滤镜只适用于【影片剪辑】元件、【按钮】和【文本】，图形元件和形状不能添加滤镜效果。

4.4.1　滤镜的添加和删除

(1) 添加滤镜。

在舞台上选择准备应用滤镜的【影片剪辑】、【按钮】或【文本】，在【属性】面板底部单击【添加滤镜】按钮，在弹出的下拉菜单中选择一个滤镜效果，即可将其效果添加到实例上，如图 4-20 所示。

图 4-20　添加滤镜效果

(2)删除滤镜。

想要删除已添加的滤镜效果，可在属性面板中选择想要删除的效果，点击【滤镜】面板右下角的【垃圾桶】按钮进行删除。

如想删除所有添加的滤镜，则可在属性面板中点开【添加滤镜】的下拉菜单，选择【删除全部】，以完成滤镜效果的删除，如图 4-21 所示。

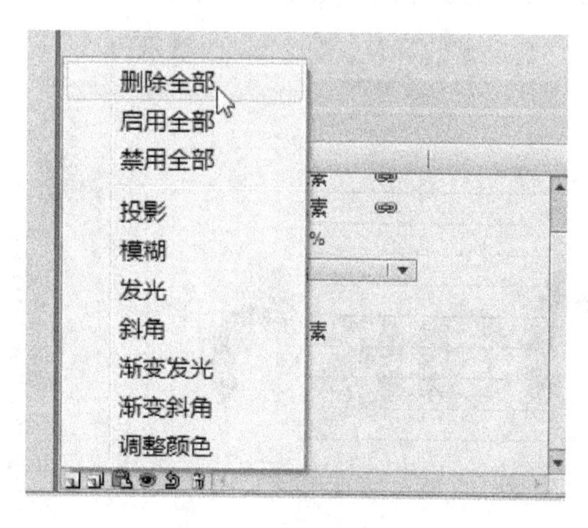

图 4-21　删除滤镜效果

4.4.2　滤镜的种类和参数

滤镜效果分为【投影】、【模糊】、【发光】、【斜角】、【渐变发光】、【渐变斜角】和【调整颜色】几种，如图 4-22 所示。

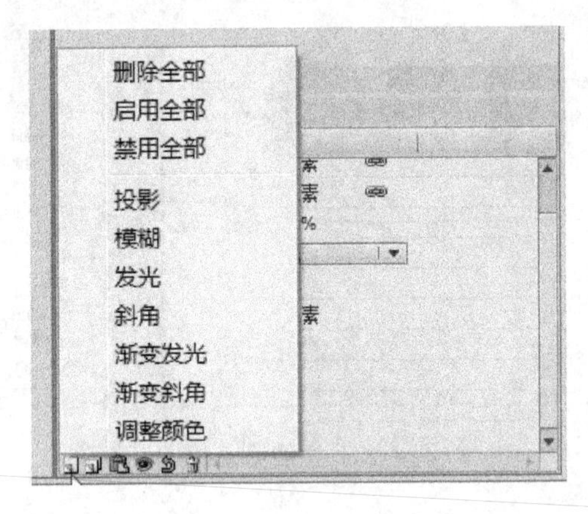

图 4-22　添加滤镜

(1)【投影】。

在【属性】面板中，展开【滤镜】选项，在【添加滤镜】的下拉菜单中选择【投影】进行添加。

【投影】可为对象添加阴影，投影的模糊 X、Y 值分别调整投影左右、上下的虚化程度，强度调整投影的透明度，品质调整投影的像素，角度调整投影的方向，距离调整投影离对象的距离，颜色改变投影的颜色，如图 4-23 所示。

图 4-23　【投影】

挖空、内侧阴影和隐藏对象则改变阴影的效果，如图 4-24 所示。

图 4-24　挖空、内侧阴影和隐藏对象的效果

(2)【模糊】。

在【属性】面板中，展开【滤镜】选项，在【添加滤镜】的下拉菜单中选择【模糊】进行添加。

【模糊】可为对象添加模糊晕效果，模糊 X、Y 值分别调整模糊效果左右、上下的程度，品质调整模糊后对象的像素，如图 4-25 所示。

(3)【发光】。

在【属性】面板中，展开【滤镜】选项，在【添加滤镜】的下拉菜单中选择【发光】进行添加。

图 4-25 【模糊】

【发光】可为对象添加光晕效果，投影的模糊 X、Y 值分别调整光晕左右、上下的程度，强度调整光晕颜色的透明度，品质调整光晕颜色的像素，颜色改变光晕的颜色，挖空、内侧阴影和隐藏对象则改变光晕的效果，如图 4-26 所示。

图 4-26 【发光】

(4)【斜角】。

在【属性】面板中，展开【滤镜选项】，在【添加滤镜】的下拉菜单中选择【斜角】进行添加。

【斜角】可为对象添加加亮效果，可制作出立体浮雕的效果。投影的模糊 X、Y 值分别调整浮雕效果左右、上下的程度，强度调整加亮颜色的透明度，品质调整效果的像素，阴影和加亮显示分别调整效果亮面和暗面的 2 种颜色，角度和距离分别调整斜角效果的方向和距离，挖空和类型则改变斜角的效果，如图 4-27 所示。

图 4-27　【斜角】

(5)【渐变发光】。

在【属性】面板中，展开【滤镜】选项，在【添加滤镜】的下拉菜单中选择【渐变发光】进行添加。

【渐变发光】可为对象添加光的效果。其属性基本与【发光】效果相同，只是增加了角度、距离调整光晕离对象的距离和方向，另外【渐变发光】的光晕可由多种颜色构成，如图 4-28 所示。

图 4-28　【渐变发光】

(6)【渐变斜角】。

在属性面板中，展开【滤镜】选项，在【添加滤镜】的下拉菜单中选择【渐变斜角】进行添加。

【渐变斜角】主要做出渐变的斜角效果，它的属性基本与【斜角】效果相同，只是【斜角】效果中的阴影和加亮显示被渐变色选项代替，通过渐变色的调节直接调节斜角的效果，如图 4-29 所示。

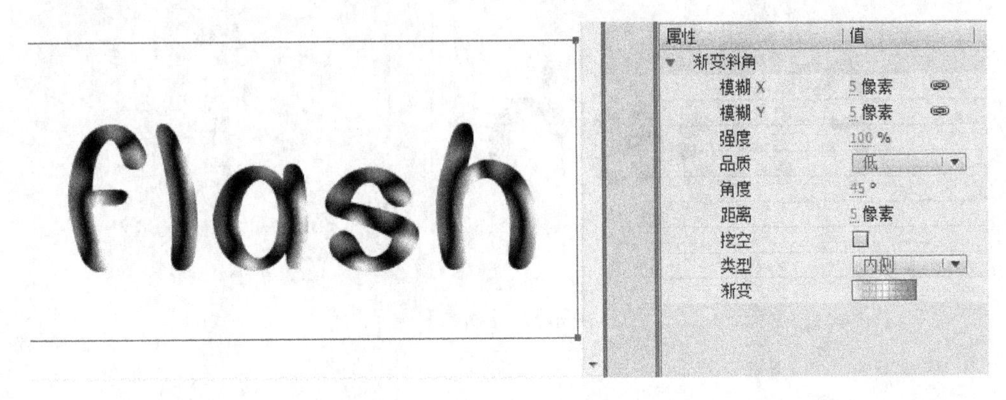

图 4-29 【渐变斜角】

(7)【调整颜色】。

在【属性】面板中，展开【滤镜】选项，在【添加滤镜】的下拉菜单中选择【调整颜色】进行添加。

【调整颜色】可以调整对象的亮度、对比度、饱和度和色相，使对象的色彩发生变化，如图 4-30 所示。

图 4-30 【调整颜色】

第 5 章　图层与帧的操作及应用

本章主要介绍图层、时间轴和帧的概念、场景及基本操作等方面的知识和技巧。通过本章的学习，读者可以掌握时间轴和场景等方面的知识，为 Flash 动画的制作奠定基础。

5.1　图层的基本操作

5.1.1　图层的基本概念

时间轴上每一行就是一个图层，在动画制作过程中，往往需要建立多个图层，便于更好的管理和组织文字、图像和动画等对象，确保每个图层的内容互不影响，本节将详细介绍图层的基本概念方面的知识。

(1) 什么是图层。

图层可以看成叠放在一起的透明胶片，可以根据需要，在不同图层上编辑不同的动画但且互不影响，并在放映时得到合成的效果。使用图层并不会增加动画文件的大小，相反可以更好地安排和组织图形、文字和动画。

(2) 图层的用途。

按照用途的不同，图层可以分为普通层、引导层和遮罩层 3 种类型，下面分别来介绍：

普通层

普通层是 Flash CS6 默认的图层，也是常用的图层，其中放置着制作动画时需要的最基本的元素，如图形、文字、元件等。普通层的主要作用是存放画面。

引导层

在 Flash CS6 中，不仅可以创建沿直线运动的动画，还可以创建沿曲线运动的动画。而引导层的主要作用就是用来设置运动对象的轨迹。引导层在动画输出时本身并不输出，因此它不会增加文件的大小。

遮罩层

遮罩层可以将与遮罩层相链接的图层中的图像遮盖起来，也可以将多个图层组合放在一个遮罩层下，遮罩层在制作 Flash 动画时会经常用到，但是在遮罩层中不能使用按钮元件。

5.1.2　图层的基本操作

在 Flash CS6 中，可以对图层进行基本操作，其中包括新建图层、更改图层名称、改变图层的顺序、新建图层文件夹、锁定和解锁图层等操作。本节将详细介绍图层的基本操作的知识。

(1) 新建图层。

新创建的 Flash 文档只有一个图层，在制作 Flash 动画时，可以根据需要添加新的图层，在时间轴面板左下角单击【新建图层】按钮，在【图层名称】列表中将出现名称为“图层 2”的图层对象，如图 5-1 所示。

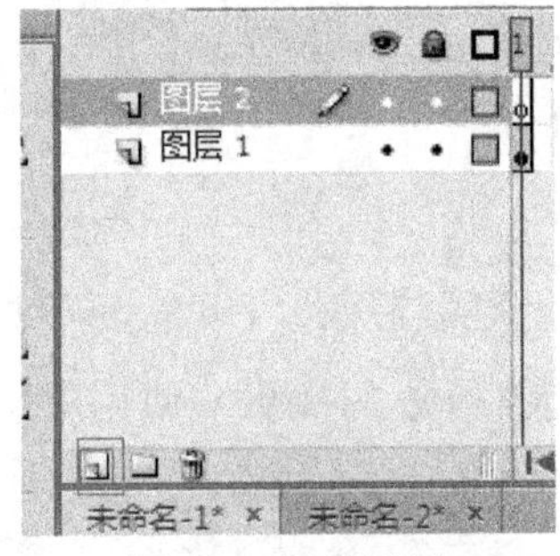

图 5-1　新建图层

(2) 更改图层名称。

有些 Flash 动画的图层较多，如果使用 Flash 的默认名称容易混淆。为了方便区分这些图层可以为图层重新命名，双击准备重命名的图层，此时图层名称呈现反白状态，输入更改的名称后，按键盘上的【Enter】键即可完成图层重命名的操作，如图 5-2 所示。

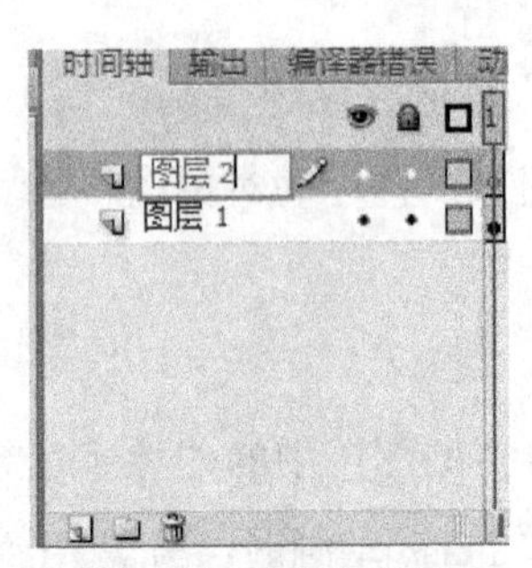

图 5-2　重命名图层

(3) 改变图层的顺序。

改变图层顺序就是在【图层】面板中移动图层的过程。改变图层面板中图层的顺序可以通过改变图层在舞台中的叠放顺序来实现。选中准备移动的图层，在按住鼠标左键的同时移动鼠标指针，将图层移动到需要放置的位置，此时被移动的图层将以一条虚线表示，当图层被移动到需要放置的位置后，松开鼠标左键，即可完成图层顺序的更改，如图 5-3 所示。

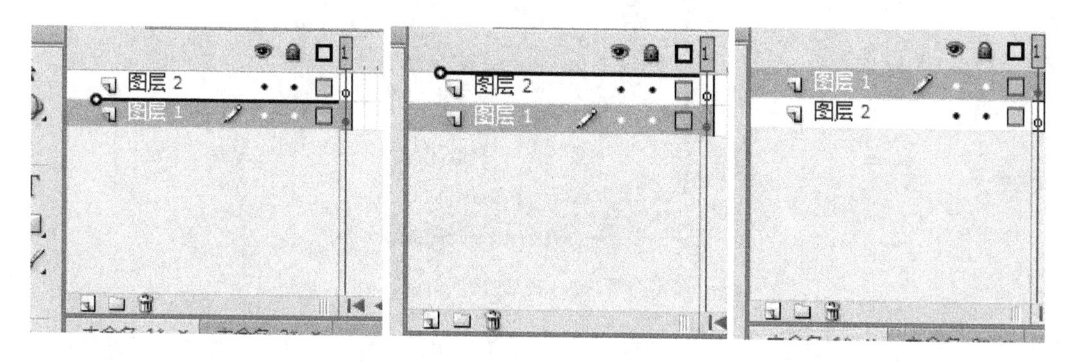

图 5-3　改变图层顺序

(4) 新建图层文件夹。

图层创建完成后，还可以使用图层文件夹对图层文件进行管理。在时间轴面板底部，单击【图层】面板底部的【新建文件夹】按钮 ，在【图层名称】列表中即可出现所创建的文件夹，如图 5-4 所示。

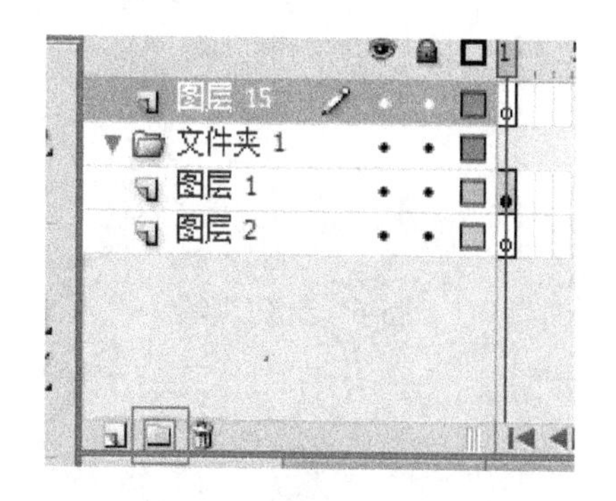

图 5-4　新建图层文件夹

(5) 锁定和解锁图层。

一个舞台中包含多个图层，我们在编辑时常会出现误将其他图层进行修改的情况，这就需要利用锁定和解锁图层来避免这种情况的发生。在【时间轴】面板中，单击准备锁定的【图层】右侧的【锁定圆点】按钮，此时在图层左侧的铅笔图标也被划掉了，再次单击，即可将其解锁，如图 5-5 所示。

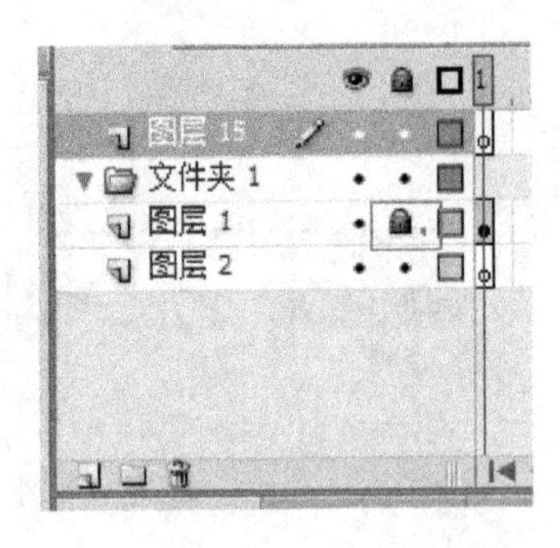

图 5-5　锁定图层

(6) 删除图层。

在【时间轴】面板中，如有不需要的图层，可以将其删除。选中准备删除的图层，单击面板左下角的【删除】按钮③，即可删除图层，如图 5-6 所示。

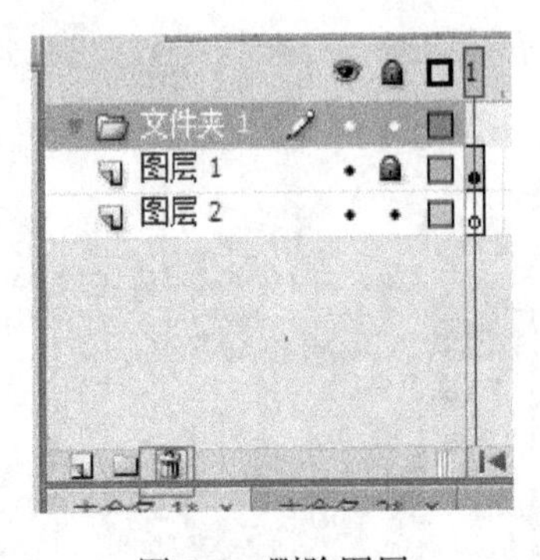

图 5-6　删除图层

(7) 隐藏/显示图层。

有的时候为了制作动画的方便，需要将图层隐藏或显示出来。在【时间轴】面板中，选中准备隐藏或显示的图层，单击 下方的黑点按钮，此时黑点所在的图层将会隐藏起来，再次单击【隐藏/显示】按钮下方的【X】，此时黑点所在的图层就会显示出来，如图 5-7 所示。

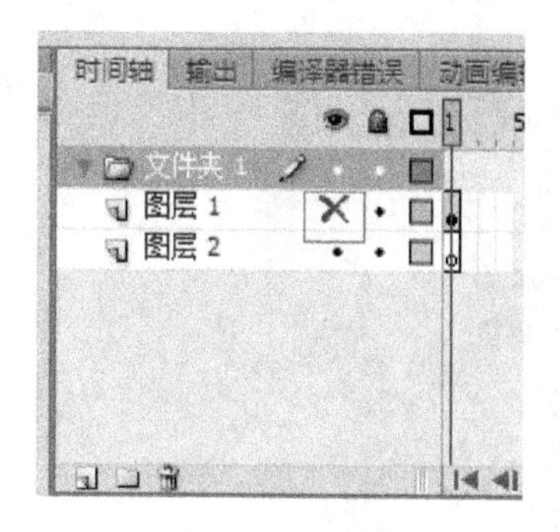

图 5-7 显示隐藏图层

(8)显示轮廓。

当舞台中绘制的对象比较多时，可以用轮廓线显示的方式来查看对象。显示轮廓的方法有多种，在【时间轴】面板上，单击上方的【轮廓显示】按钮 ，可显示所有图层的轮廓，再单击，即可恢复图像。单击某一层中的轮廓显示图标，可以使该层以轮廓方式显示，再次单击，可恢复图像。图层的轮廓颜色与其后面的图标颜色相同，这样我们通过显示轮廓的方式就能很容易地分辨出不同的对象分别分布在哪些图层中，如图 5-8 所示。

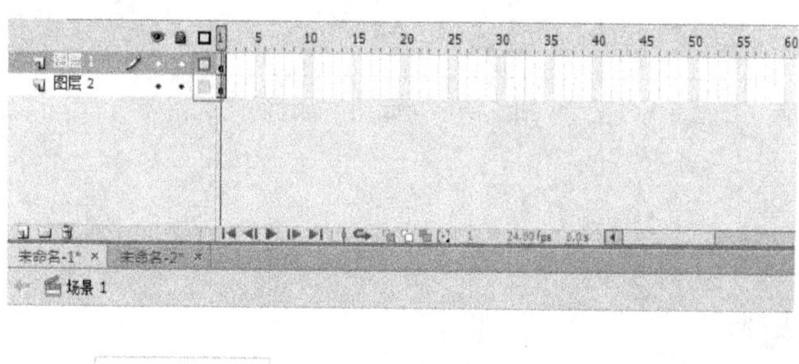

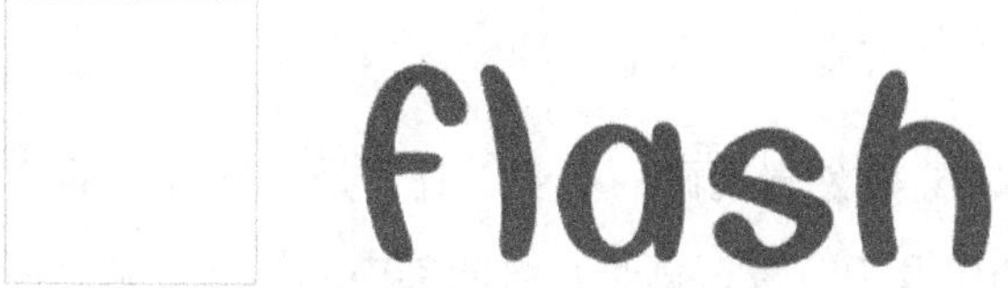

图 5-8 显示轮廓

(9) 编辑图层属性。

先选中图层，再使用鼠标右键单击，在弹出的快捷菜单中，选择【属性】命令，弹出【图层属性】对话框，对参数进行设置，如图 5-9 所示。

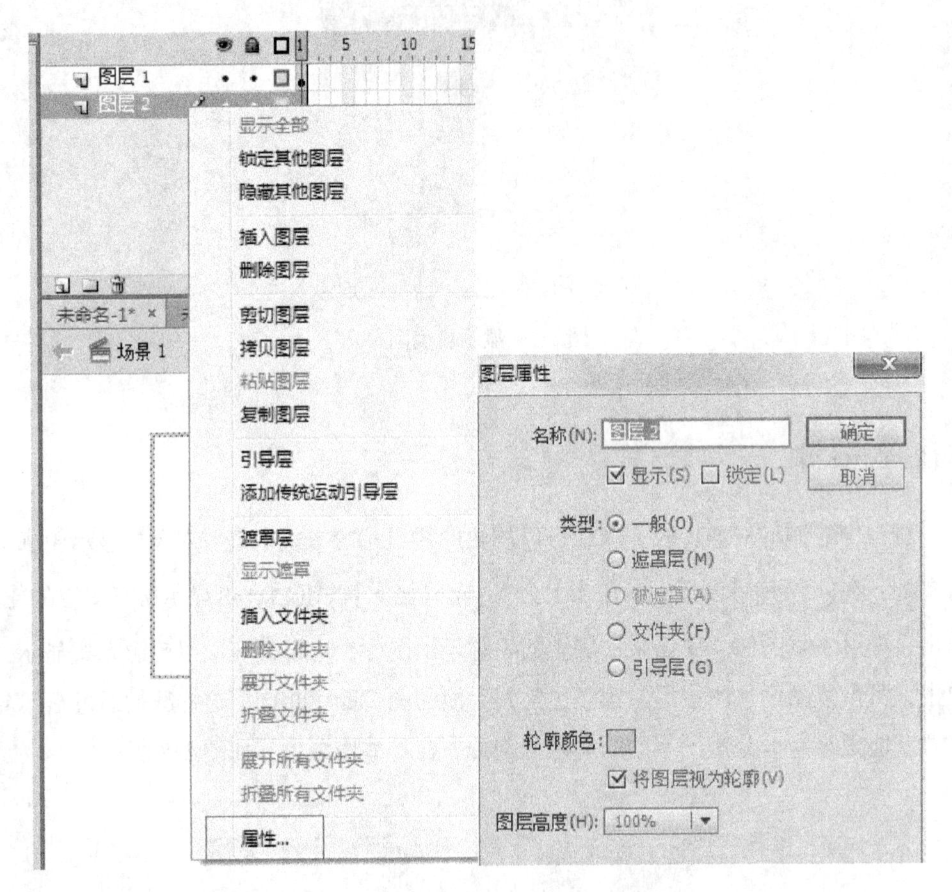

图 5-9　编辑图层属性

5.2　时间轴与帧

时间轴和帧是 Flash 编辑动画的主要工具，是最核心的部分，所有的动画顺序、动作行为、控制命令以及声音等，都是在时间轴中编排的。帧是创建动画的基础，也是构建动画最基本的元素之一。

5.2.1　时间轴构成

时间轴是帧和图层操作的地方，显示在 Flash 工作界面的上部，是 Flash 编辑动画的主要工具，也是用于组织和控制动画中的帧和层在一定时间内播放的坐标轴。时间轴主要由帧和播放控制等部分组成，如图 5-10 所示。

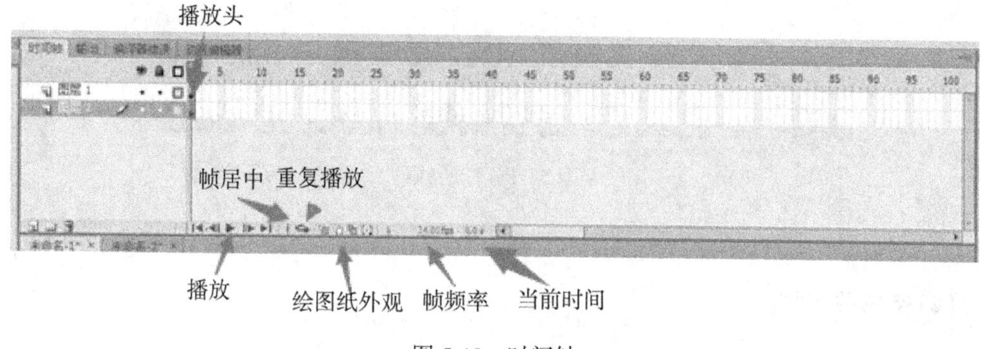

图 5-10　时间轴

播放头：指示在舞台中当前显示的帧。

帧居中：可以把当前的帧移动到时间轴窗口的中间，以方便操作。

绘图纸外观：同时查看当前帧与前后若干帧里的内容，以方便前后多帧对照编辑。

帧速率：动画播放的速率，即每秒播放的帧数。可以打开文档属性面板进行设置，默认值为 24fp。

当前时间：播放头所在位置的时间。

播放：点击可以在舞台中预览动画。

重复播放：点击可以在舞台中重复预览动画。

5.2.2　帧和关键帧

影片中的每个画面在 Flash 中称为帧，帧是 Flash 动画制作中最基本的单位。各个帧上置有图形、文字、声音等各种素材或对象，多个帧按照先后次序以一定速率连续播放形成动画。按照功能的不同，帧可以分为 3 种：关键帧、空白关键帧和普通帧。

(1)普通帧。

普通帧起着过滤和延长关键帧内容的作用。在时间轴中，用于延长播放时间的帧的内容与前面的关键帧相同，如图 5-11 所示。

图 5-11　普通帧

(2) 空白关键帧。

空白关键帧是没有内容的帧，显示为空心圆。空白关键帧是特殊的关键帧，没有任何对象存在。一般新建图层的第一帧都是空白关键帧，但是绘制图形后，则变为关键帧。如果将某关键帧中的全部对象删除，此帧也会变为空白关键帧，如图 5-12 所示。

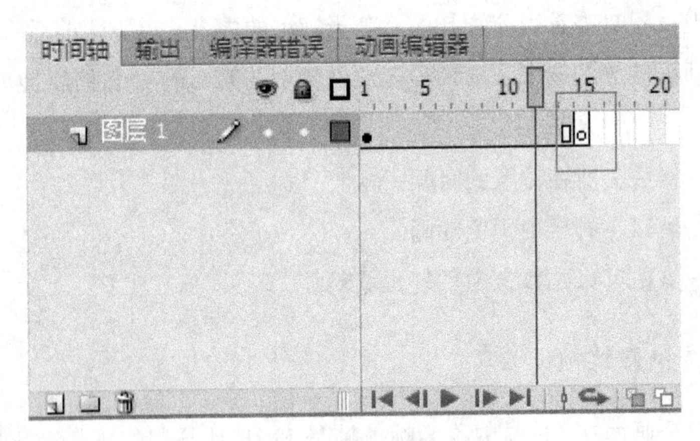

图 5-12　空白关键帧

(3) 关键帧。

关键帧是有内容的帧，显示为实心圆。关键帧是用来定义动画的帧，当创建逐帧动画时，每个帧都是关键帧，如图 5-13 所示。

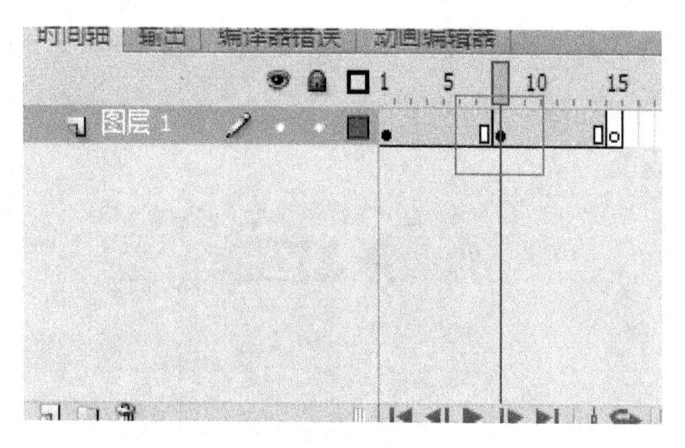

图 5-13　关键帧

(4) 帧的频率。

帧的频率就是动画的播放速度，以每秒播放的帧数为度量。帧频太慢会使动画看起来不连贯，以每秒 12 帧的帧频通常会得到较好的效果。在菜单栏中，选择【修改】→【文档】命令，弹出【文档设置】对话框，在对话框的【帧频】文本框中，可以设置帧的频率，也可通过时间轴下方的帧频率选项以及属性面板进行修改，如图 5-14 所示。

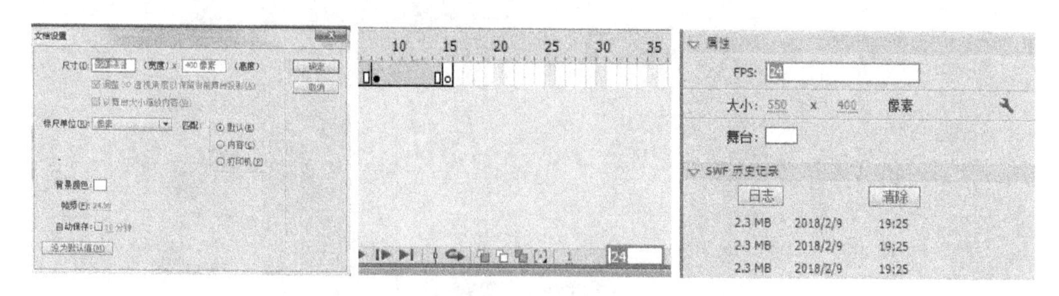

图 5-14　帧频率

5.3　帧的基本操作

5.3.1　选择帧和帧列

在时间轴上，选择一个帧，只需要单击该帧即可。如果某个对象占据了整个帧列，并且此帧列是由一个关键帧开始和一个普通帧结束组成，那么只需要选中舞台中的这个对象就可以选中此帧列。如果要选择一组连续帧，先选中第“1”帧，再按键盘上的【Shift】键，单击最后一帧，如图 5-15 所示。

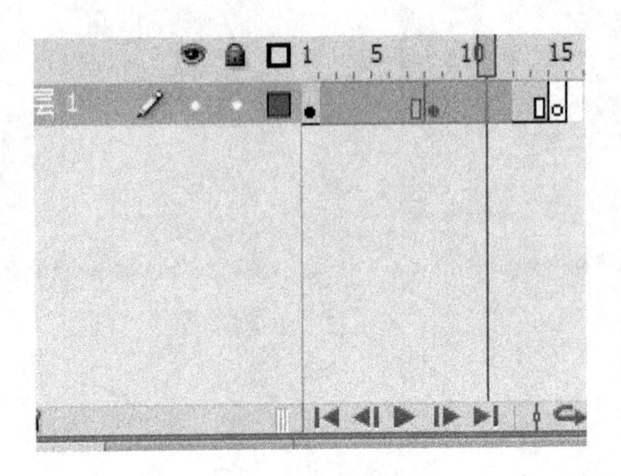

图 5-15　选择帧

如果要选择一组非连续帧，按住键盘上的【Ctrl】键，然后逐个单击要选择的帧即可，如图 5-16 所示。

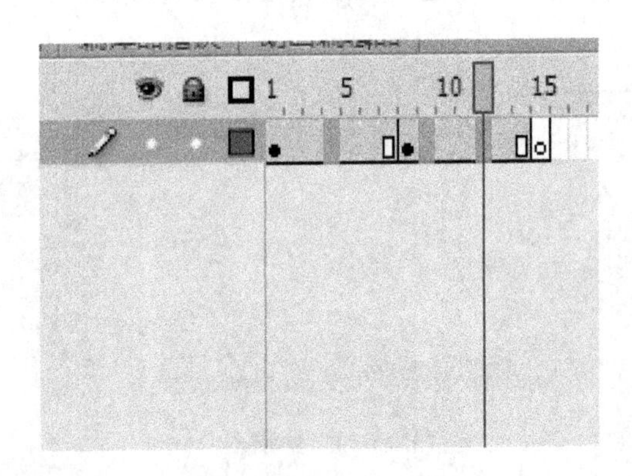

图 5-16　选择单个帧

5.3.2　插入帧

要插入帧，应该先选中准备插入帧的位置，然后在菜单栏中选择【插入】→【时间轴】→【帧】命令，也可以在插入帧的位置右击，在弹出的快捷菜单中，选择【插入帧】命令，如图 5-17 所示。

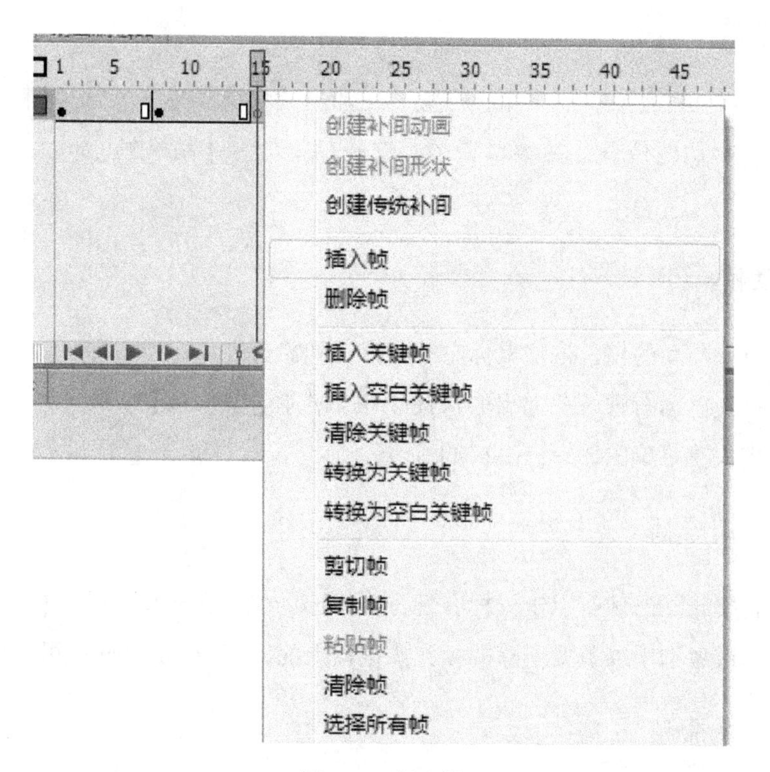

图 5-17 插入帧

要插入关键帧，应该先选中准备插入关键帧的位置，然后在菜单栏中选择【插入】→【时间轴】→【关键帧】命令，也可以在插入关键帧的位置右击，在弹出的快捷菜单中选择【插入关键帧】命令。

要插入空白关键帧，应该先选中准备插入空白关键帧的位置，然后在菜单栏中选择【插入】→【时间轴】→【空白关键帧】命令，也可以在插入空白关键帧的位置右击，在弹出的快捷菜单中选择【插入空白关键帧】命令。

5.3.3 复制、粘贴与移动单帧

在使用 Flash 制作动画时，有时候需要对所创建的单帧进行复制、粘贴与移动等操作，使动画更加的完美。下面详细介绍复制、粘贴与移动单帧的操作方法。

(1)复制帧。

首先选中单个帧，点击鼠标右键，在弹出的快捷菜单中，选择【复制帧】命令，即可完成复制帧。或者选中准备复制的帧，并在键盘上按【Ctrl+C】组合键，进行复制。

(2)粘贴帧。

选中准备粘贴的位置，点击鼠标右键，在弹出的快捷菜单中，选择【粘贴帧】命令。或者选中准备粘贴的位置，在菜单栏中，选择【编辑】→【粘贴帧】命令，即可完成粘贴帧。

(3)移动帧。

选中准备要移动的帧，按住鼠标左键并拖动到需要的目标位置即可。或者选中准备移动的帧，点击鼠标右键，在弹出的快捷菜单中选择【剪切帧】命令，然后在目标位置右击，在弹出快捷菜单中选择【粘贴帧】命令。

5.3.4　删除帧

选中准备要删除的帧，点击鼠标右键，在弹出的快捷菜单中，选择【删除帧】命令，即可删除帧。或者选中准备要删除的帧，按键盘上的【Delete】键，同样可以删除帧。

5.3.5　清除帧

首先要选中准备清除的帧，点击鼠标右键，在弹出的快捷菜单中选择【清除帧】命令，即可清除帧。或者选择准备清除的帧，在菜单栏中，选择【编辑】→【清除帧】命令，清除帧。

5.3.6　将帧转换为关键帧

首先选中准备要转换为关键帧的帧，点击鼠标右键，在弹出的快捷菜单中，选择【转换为关键帧】命令，即可将帧转换为关键帧。或者选中准备要转换为关键帧的帧，在菜单栏中，选择【修改】→【时间轴】→【转换为关键帧】命令，即可转换为关键帧。或在键盘上按【F6】键，同样可以将帧转换为关键帧。

5.3.7　将帧转换为空白关键帧

选中准备要转换为空白关键帧的帧，点击鼠标右键，在弹出的快捷菜单中，选择【转换为空白关键帧】命令，即可将帧转换为空白关键帧。或者选中准备要转换为空白关键帧的在菜单栏中，选择【修改】→【时间轴】→【转换为空白关键帧】命令，即可转换为空白关键帧。或在键盘上按下【F7】键，同样可以将帧转换为空白关键帧。

第 6 章　元件与库

6.1 元件概述

Flash 里面有很多时候需要重复使用素材，这时我们就可以把素材转换成元件，或者直接新建元，以方便重复使用或者再次编辑修改。也可以把元件理解为原始的素材，通常存放在元件库中。元件必须在 Flash 中才能创建或转换生成。它有三种形式，即【影片剪辑】、【图形】和【按钮】。元件只需创建一次，即可在整个文档或其他文档中重复使用。

6.1.1 创建元件

选择【插入】→【新建元件】菜单命令或按【Ctrl+F8】快捷键，弹出【创建新元件】面板，如图 6-1 所示。

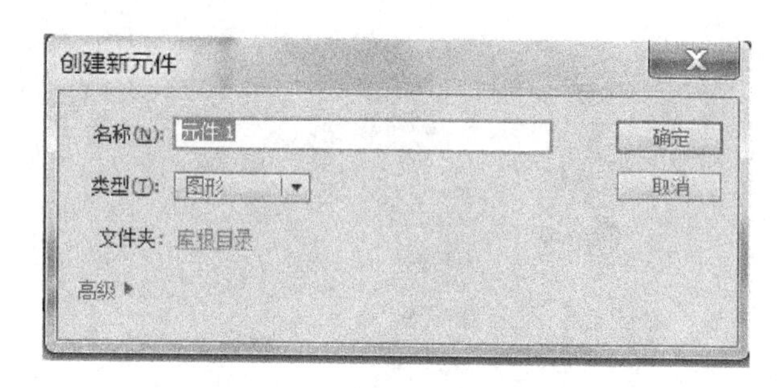

图 6-1 创建新元件面板

在面板中可以选择元件的名称、类型单击【确定】按钮，即可创建新元件。新元件会在库面板中显示，如图 6-2 所示。

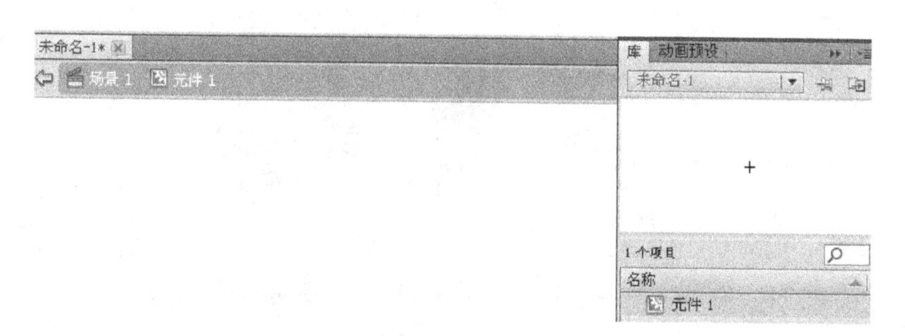

图 6-2 创建新元件

6.1.2　编辑和管理元件

在动画制作中，有时候需要对已经创建的元件进行编辑修改，编辑修改元件后，该元件引用的所有实例会自动更新。在【库】面板中双击元件图标或直接在舞台中双击元件实例可进入到该元件内部对元件进行编辑。想要退出元件的编辑，可以点击舞台的左上角的【场景】按钮退出元件，继续编辑场景面板中的动画。

元件的管理在【库】面板中进行，在【库】面板中点击反键可以创建许多文件夹，对不同类别的元件进行分类管理。

(1) 将图形转换成元件。

如需把绘制的图形转换成元件，则可右键点击所选的图形，选择【转换为元件】，会弹出【转换为元件】对话框，选择元件的名称和类型，单击【确定】按钮，即可把图形转换成元件，如图 6-3 所示。

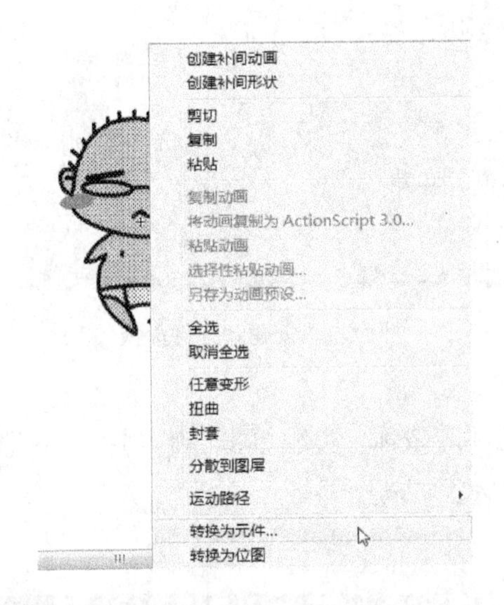

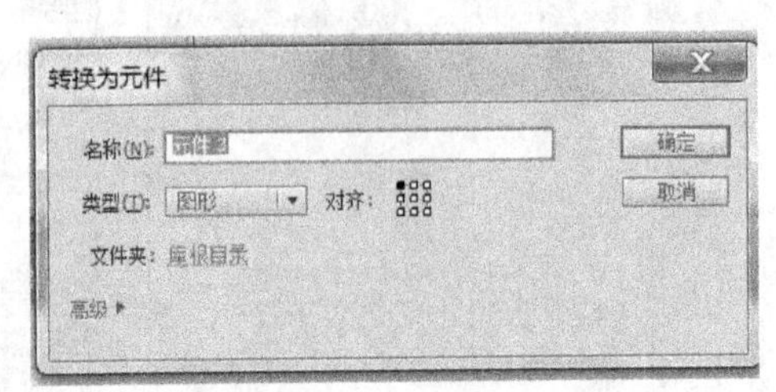

图 6-3　转换图形为元件

(2) 删除未使用元件。

从“库”菜单中单击【选择未用项目】命令，Flash 会把这些未用的元件全部选中，这时你可以单击菜单中的【删除】命令，也可以直接单击【删除】按钮，将它们删除，如图 6-4 所示。

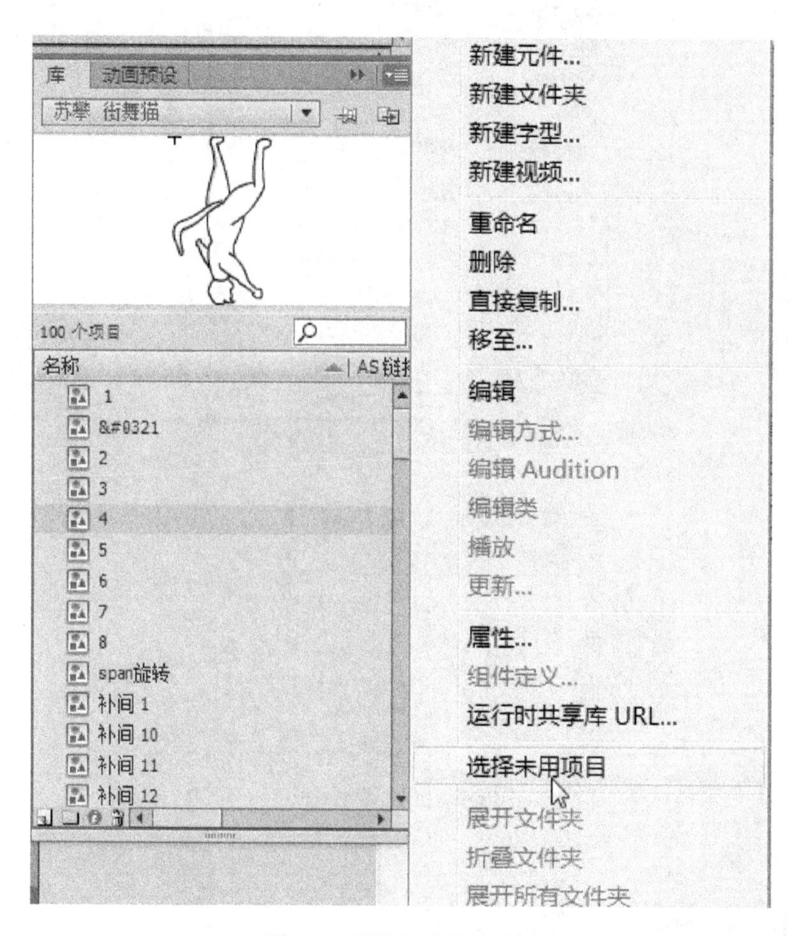

图 6-4　选择未用项目面板

(3) 转换元件类型。

点击右键【属性】选项，弹出【元件属性】对话框，选择相应选项即可改变元件的类型，如图 6-5 所示。

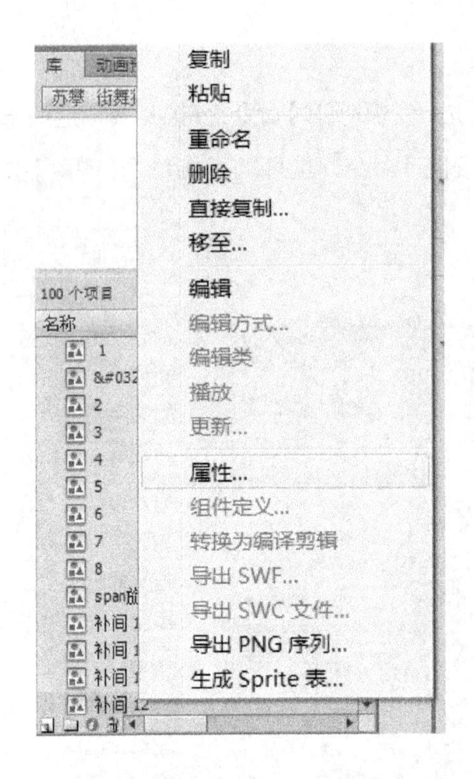

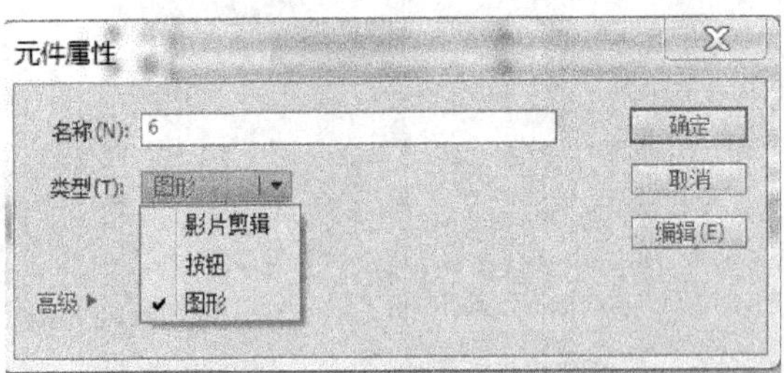

图 6-5　元件属性面板

(4) 转换实例类型。

在舞台中选择实例，在属性面板中选择相应选项即可调节实例的类型，如图 6-6 所示。

(5) 改变实例的颜色和透明效果。

在属性面板中，展开【色彩效果】下拉菜单，设置元件的颜色和透明度，如图 6-7 所示。

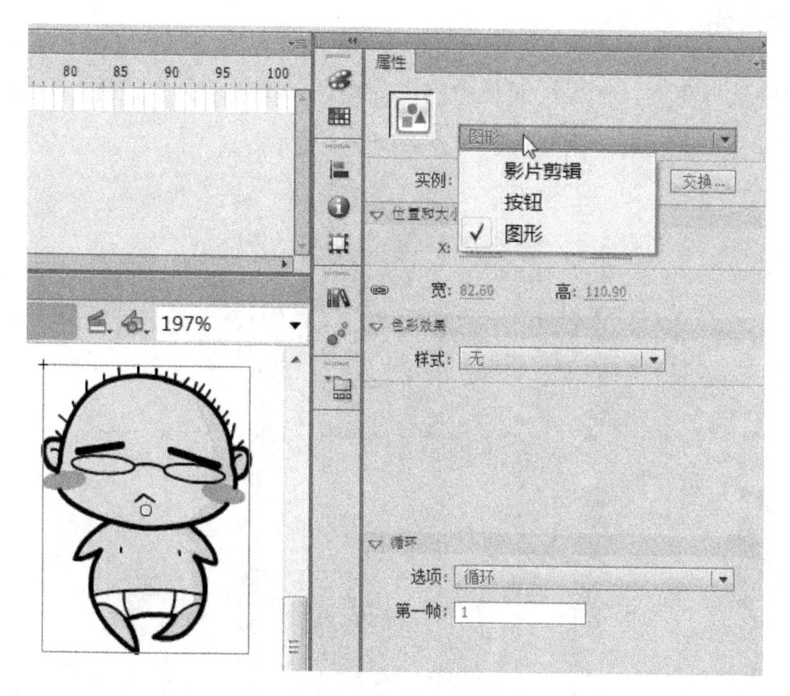

图 6-6　转换实例类型

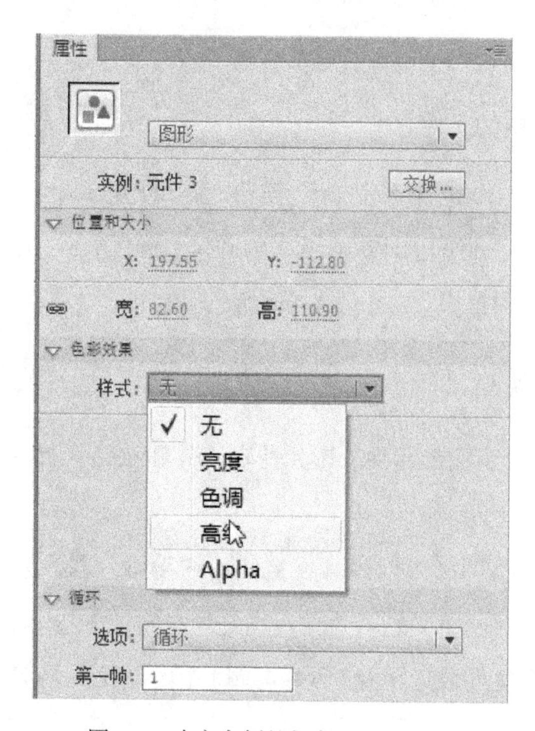

图 6-7　改变实例的颜色和透明效果

(6)交换元件。

在舞台中选择实例，在属性面板中点击【交换】，弹出【交换元件】对话框，选择想要交换的元件，点击确定，则交换成功，如图 6-8 所示。

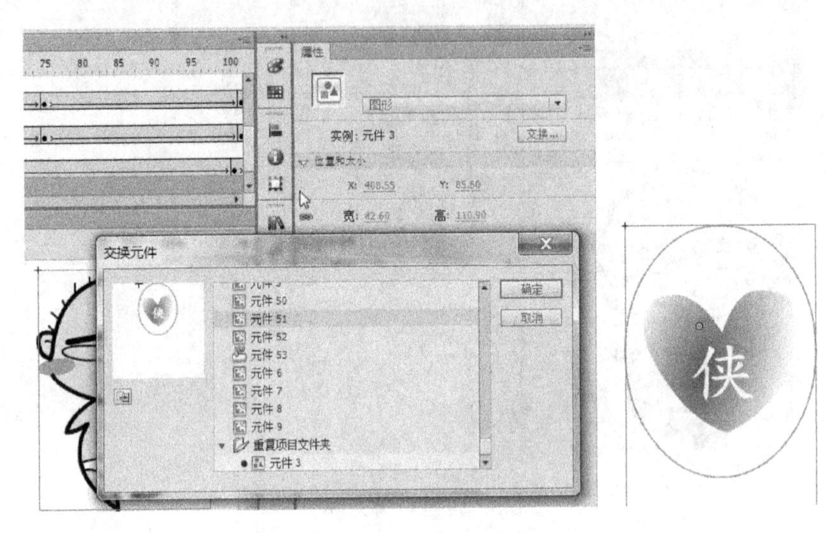

图 6-8　交换元件

(7)调用其他影片中的元件。

选择【文件】→【导入】→【打开外部库】选项，弹出【作为库打开】对话框，选择想要调用的影片，点击打开，在窗口中会弹出该影片的【库】面板，在该面板中选择想要使用的元件，可直接拖入到舞台上，如图 6-9 所示。

6.1.3　元件的类型

在 Flash 中，元件分为图形元件、影片剪辑元件和按钮元件 3 种，根据不同要求选择创建不同的元件。

(1)影片剪辑元件：可以创建可重复使用的动画片段，它与场景中的主时间轴相互独立，拥有自己独立的时间轴，它在主场景的时间轴上只占 1 帧，就可以包含所需要的动画，并且可以重复播放。但是【影片剪辑】中的动画在场景中必须要进入影片测试里才能观看得到。

(2)图形元件：是可以重复使用的静态图像，它是作为一个基本图形来使用的，

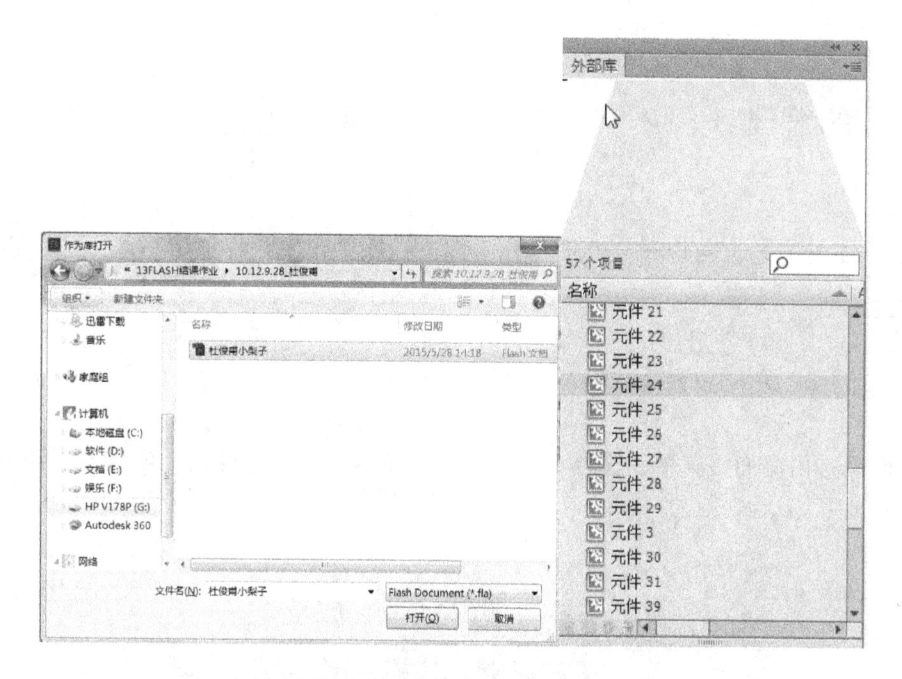

图 6-9　调用其他影片中的元件

一般是静止的一幅图画，每个图形元件占 1 帧。图形元件中也可制作动画，但动画片段必须与主时间轴同步运行，它的播放完全受制于场景时间线。【图形】元件中制作的动画在场景中可适时观看。

(3)按钮元件：是一个只有 4 帧的影片剪辑，如图 6-10 所示。它的时间轴不是自动播放的，而是根据鼠标指针的动作做出简单的响应，并转到相应的帧，通过给舞台上的按钮添加动作语句而实现 Flash 影片强大的交互性。影片剪辑和图形元件中是可以嵌套多种类型的元件的，只有按钮元件中不能嵌套另一个按钮元件，但按钮元件中可以镶嵌影片剪辑或图形元件。

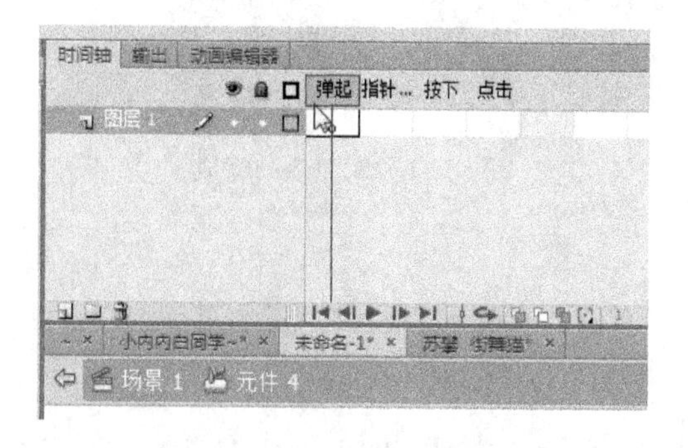

图 6-10　按钮元件时间轴

6.2　库的管理

在 Flash 中，所有可以重复使用的元素都放在库中，库是存放素材的地方，也是资源共享的场所。

6.2.1　库面板的组成

库面板是由库面板菜单、文档列表、项目预览区、统计与搜索、项目列表和功能按钮组成的，如图 6-11 所示。

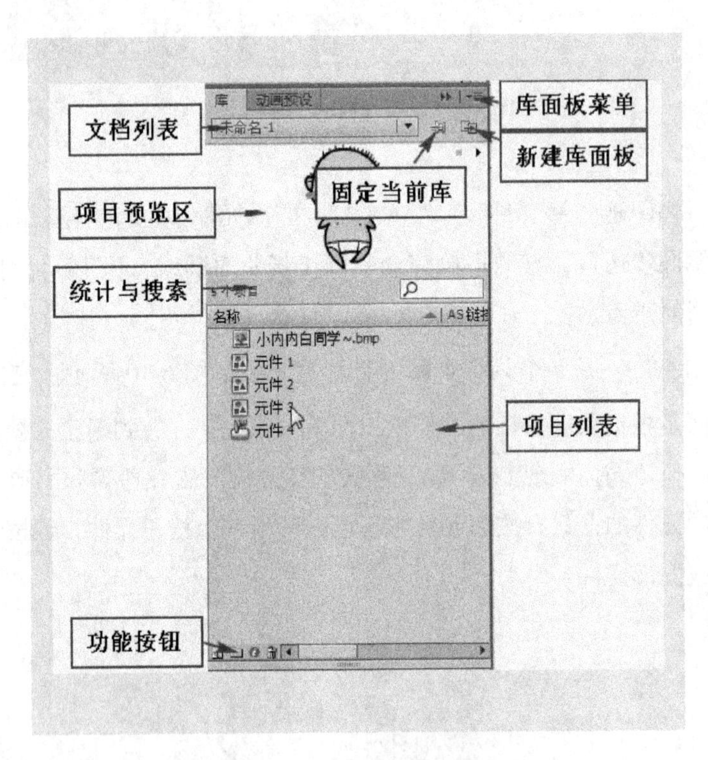

图 6-11　库面板的组成

6.2.2　创建库元素

点击库面板左下方第一个按钮，即可创建库元素，如图 6-12 所示。

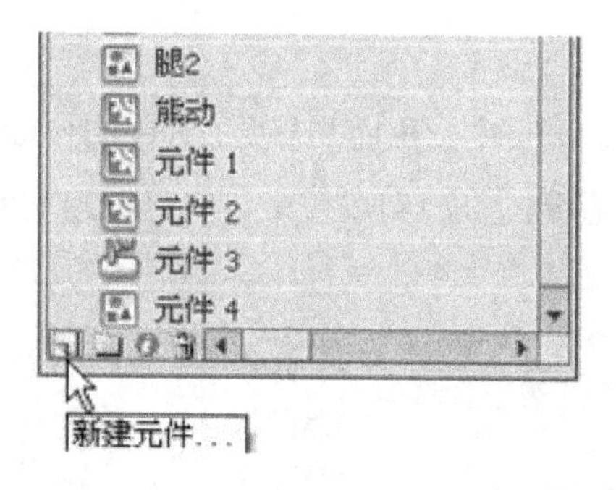

图 6-12　创建库元素

6.2.3　调用库文件

只需要将所需要的对象拖拽到舞台中就能调用库中的文件了，拖拽时既可以在预览窗口中操作，也可以在文件列表中进行操作，如图 6-13 所示。

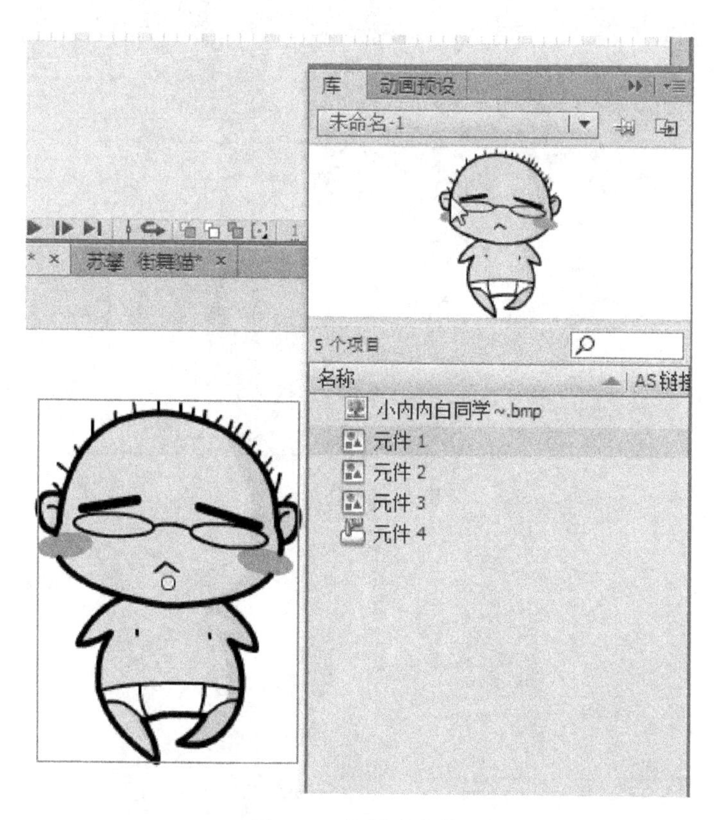

图 6-13　调用库文件

6.2.4　使用公用库

在菜单栏中，选择【窗口】→【公用库】选项，其中有【Buttons】、【Classes】2 个选项，单击需要的公用库，拖拽需要的资源到舞台中，就可创建其实例，如图 6-14 所示。

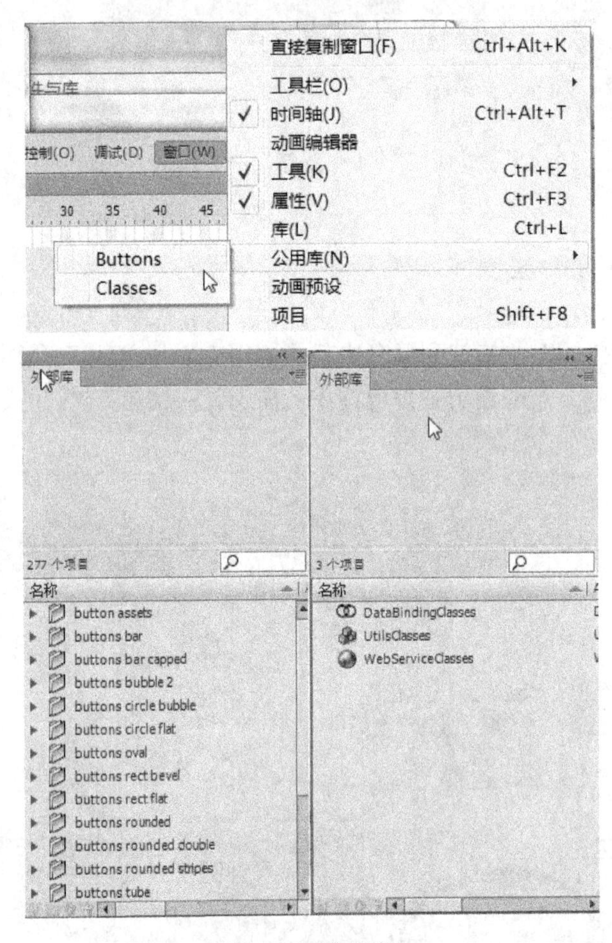

图 6-14　公用库

第 7 章　Flash 动画基础

本章主要介绍了逐帧动画及补间动画等方面的知识与技巧。

7.1 逐帧动画

逐帧动画是一种常见的动画形式，是在时间轴的每帧上逐帧绘制不同的内容，使其连续播放而成为动画，也可以在此基础上修改得到新的动画。

7.1.1 逐帧动画的基本原理

逐帧动画是一种常见的动画形式，其原理是在连续的关键帧中分解动画动作，每一帧关键帧都有内容。逐帧动画没有设置任何补间，直接将连续的若干帧都设置为关键帧，然后分别绘制。因为逐帧动画的帧，序列内容不一样，不但给制作增加了负担，而且最终输出的文件量也很大。但逐帧动画的优势也很明显，它具有非常大的灵活性，几乎可以表现任何想表现的内容，类似于电影的播放模式，很适合表演细腻的动画，例如人物或动物急剧转身、头发及衣服的飘动、走路和说话等。

7.1.2 绘制纸外观

绘图纸功能是 Flash 软件最重要的辅助功能之一。在传统动画的制作过程中需大量使用赛璐珞透明胶片，透过胶片可以露出下一层画面的内容，绘图纸类同于这种透明胶片，可使制作者在场景中绘画下一帧画面的时候可以准确地知道上一帧的内容，便于把握图像的定位和动作的连贯性，尤其是在制作逐帧动画时，这种功能显得极其重要。下面具体讲解绘图纸各部分的功能。

【绘图纸外观】：在时间轴上设置一个连续的显示帧区域，区域内的帧所包含的内容同时显示在舞台上，如图 7-1 所示。

图 7-1 【绘图纸外观】效果

【绘图纸外观轮廓】：在时间轴上设置一个连续的显示区域，除当前帧外，区域内的帧所包含的内容仅显示图形外框，如图 7-2 所示。

图 7-2 【绘图纸外观轮廓】效果

【编辑多个帧】：在时间轴上设置一个连续的显示区域，区域内的帧所包含的内容可同时显示和编辑，如图 7-3 所示。

图 7-3 【编辑多个帧】效果

【修改标记】：单击该按钮会显示一个选项菜单，可显示标记范围，也可在时间轴上方修改拖动括号修改选区范围，如图 7-4 所示。

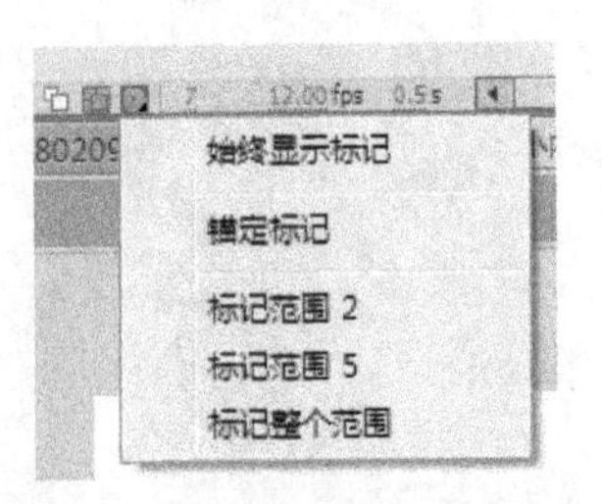

图 7-4 【修改标记】菜单

7.1.3 制作逐帧动画

下面以制作人物转圈的例子来具体介绍创建逐帧动画的方法。

新建文档，在【时间轴】面板图层 1 的第“1”帧，用【钢笔工具】绘制出人物正面轮廓，在第“9”帧按【F6】插入一个关键帧，角色旋转一圈需要 9 帧完成，如图 7-5 所示。

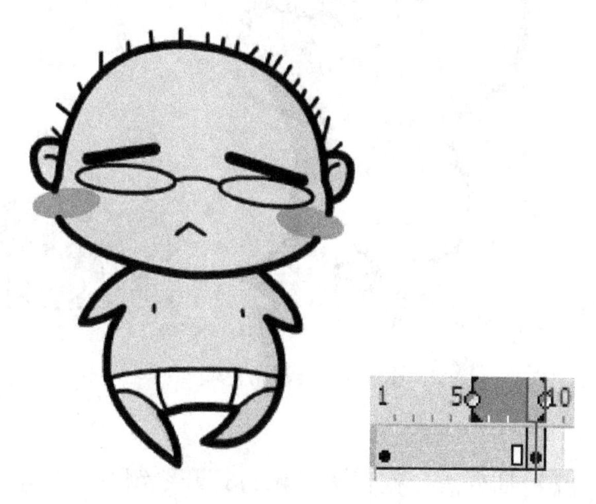

图 7-5 绘制角色正面

在第“5”帧点击【F7】插入一个空白关键帧，打开绘制纸外观轮廓绘制人物背面，注意角色的支撑脚位置不变，如图 7-6 所示。

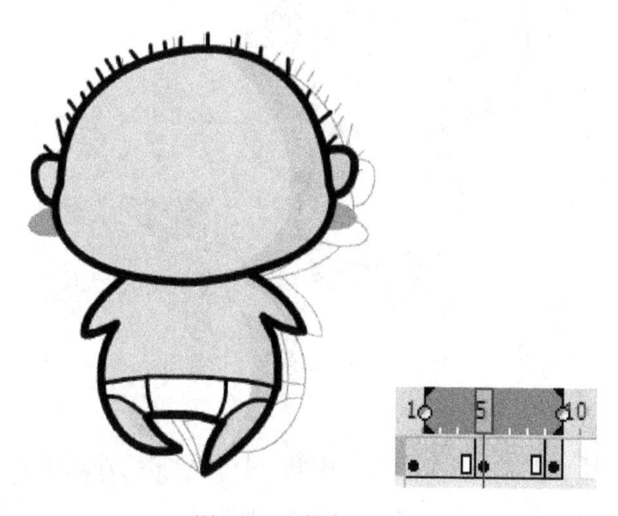

图 7-6 绘制角色背面

在第“3”帧点击【F7】插入一个空白关键帧，打开绘制纸外观轮廓绘制人物正侧面，如图 7-7 所示。

图 7-7　绘制角色侧面

在第“2”帧点击【F7】插入一个空白关键帧，打开绘制纸外观轮廓绘制人物 3/4 正侧面，如图 7-8 所示。注意调整标记选区为“1-3”帧范围。

图 7-8　绘制角色 3/4 正侧面

在第“4”帧点击【F7】插入一个空白关键帧，打开绘制纸外观轮廓绘制人物 3/4 背侧面，如图 7-9 所示。注意调整标记选区为“3-5”帧范围。

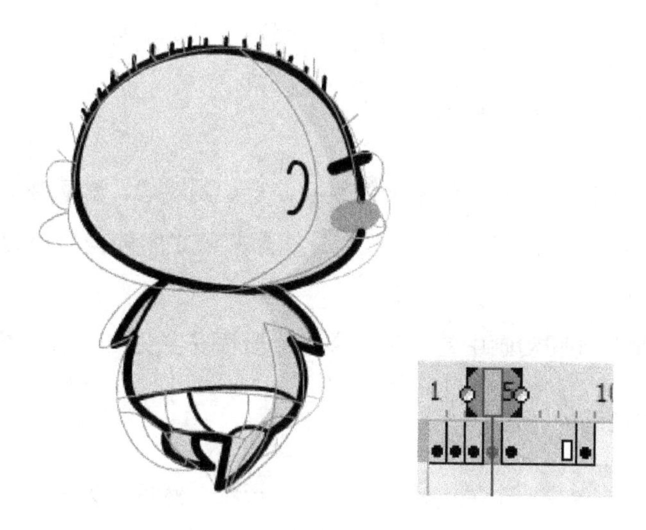

图 7-9　绘制角色 3/4 背侧面

用同样的方法绘制“6、7、8”帧，同时删掉第“9”帧，完成角色旋转动画，如图 7-10所示。

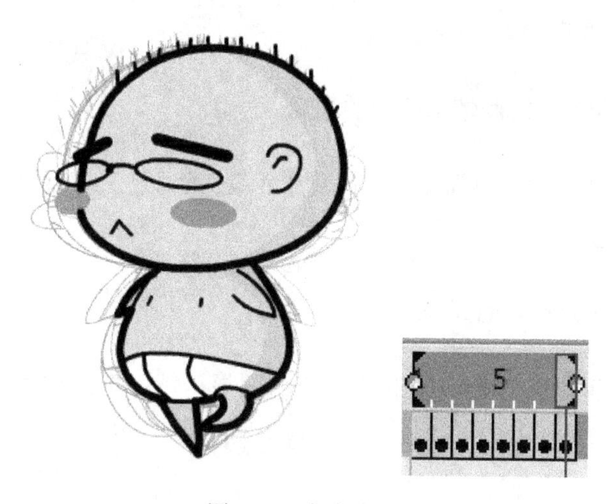

图 7-10　完成绘制

7.2　形状补间动画

形状补间动画适用于在两个关键帧之间创建图形变形的效果，使得一种形状可以随时变化成另一个形状，同时也可以对形状的位置和大小等进行设置。

7.2.1　形状补间动画原理

形状补间动画原理是：在时间轴上的某一帧上绘制对象，然后在另一帧上修改对象或者重新绘制另一个对象，然后由 Flash 本身计算两帧之间的差距进行变形帧，在播放的过程中形成动画。

形状补间动画是补间动画中的一类，常用于形状发生变化的动画。

(1)形状补间动画的概念。

形状补间动画是指在一个关键帧中绘制一个形状，然后在另一个关键帧中更改该形状或绘制另一个形状，Flash 根据二者之间的帧的值或形状来创建的动画。

(2)构成形状补间动画的元素。

形状补间动画可以实现两个图形之间颜色、形状、大小和位置的相互变化，形状补间的两个关键帧中间的对象必须是形状，如果使用图形元件、按钮、文字等元素，则必先“打散”才能创建变形动画。

(3)形状补间动画在时间帧面板上的表现。

形状补间动画建好后，时间帧面板的背景色变为淡绿色，而且在起始帧和结束帧之间有一个长长的箭头。

7.2.2　创建形状补间动画

通过形状补间可以创建类似于形状渐变的效果，即一个形状可以渐变成另一个形状。在 Flash CS6 中新建文档，在舞台中绘制一个圆形，如图 7-11 所示。

图 7-11　绘制圆形

在第“25”帧上点击【F7】插入一个空白关键帧，然后绘制一个方形，如图 7-12 所示。

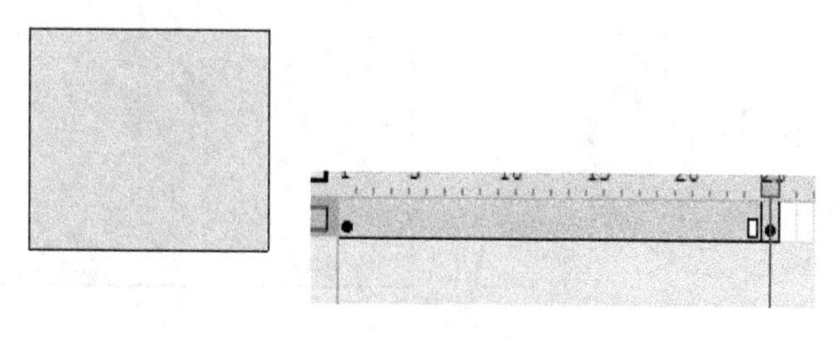

图 7-12　绘制方形

在时间轴的第“1-25”帧之间任意一帧位置右击，在弹出的快捷键菜单中选择【创建补间形状】命令，即可完成创建形状补间动画的操作，如图 7-13、图 7-14 所示。

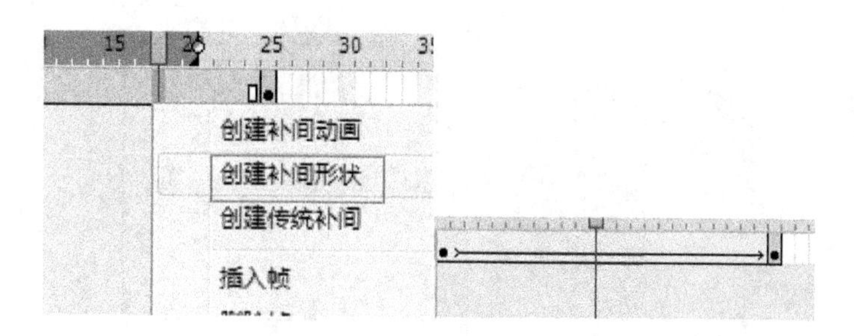

图 7-13　创建补间动画

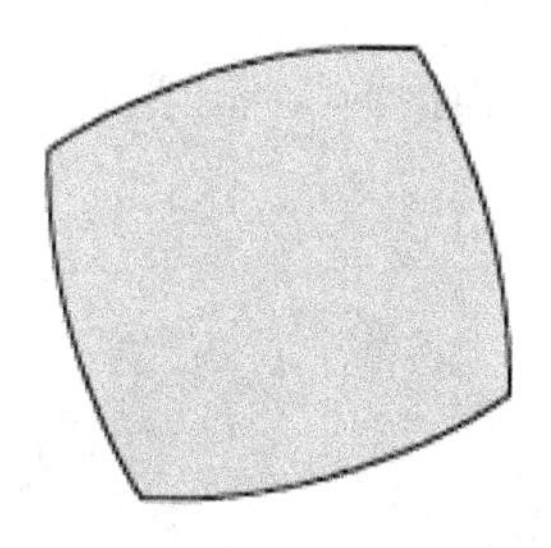

图 7-14　形状补间生成的画面

在形状补间中还可以通过形状提示功能控制形状补间的中间过程，在【修改】→【形状】→【添加形状提示】可以在“1”，“25”两个关键帧上分别出现形状提示【a】，如图 7-15所示。

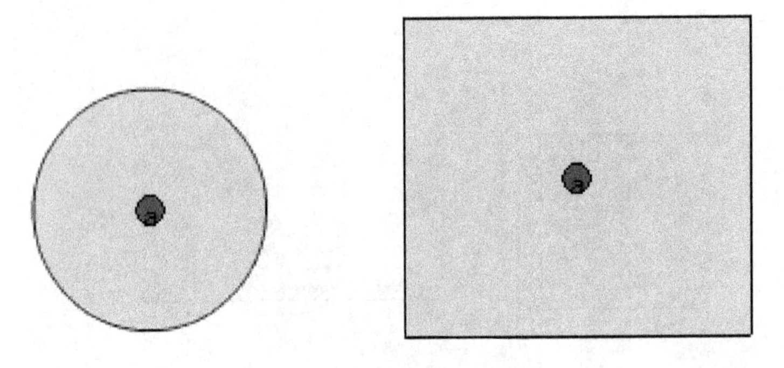

图 7-15　添加形状提示【a】

将两个关键帧上的形状提示【a】分别移动到形状的边缘，当形状提示【a】分别变成黄色和绿色即为添加成功，如图 7-16 所示。

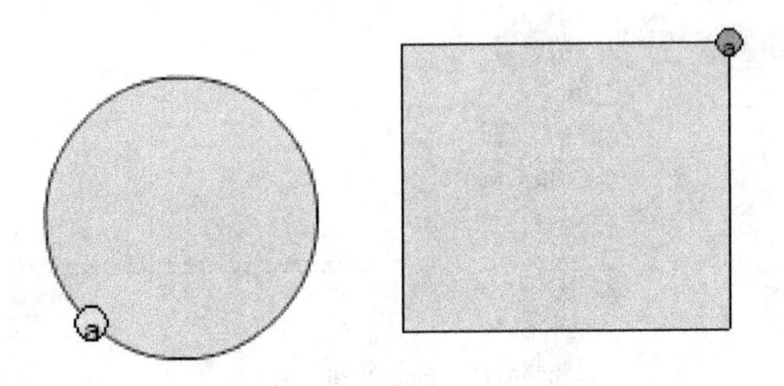

图 7-16　移动形状提示

此时，动作补间的补间形状会根据形状提示进行改变，如图 7-17 所示。

图 7-17　添加形状提示后的变形效果

7.3　动作补间动画

动作补间动画所处理的动画必须是舞台上的组件实例、多个图形组合和文字等，运用动作补间动画可以设置元件的大小、位置、颜色、透明度和旋转等属性。

7.3.1　动作补间动画原理

在 Flash 的时间轴面板上，Flash 只需要保存帧之间不同的数据，即在一个关键帧上放一个元件，然后在另一个关键帧上改变这个元件的大小、颜色、位置和透明度等，Flash 据二者之间的帧的值创建的动画，称为动作补间动画。

在 Flash 的【时间轴】面板上，如果使用【创建传统补间】命令制作动画，首先需要在时间轴上创建一个空白关键帧，然后在舞台上绘制一个元件，并在结束处再创建一个关键锁，在结束的关键帧上改变这个元件的大小、颜色、位置和透明度等，Flash 软件通过计算两个关键帧之间的不同的数据自动生成中间帧，从而形成流畅的动画。当时间轴上的帧创建了传统补间之后，创建传统补间的帧会变为淡紫色，并且在起始帧和结束帧之间出现一条箭头符号，如图 7-18 所示。

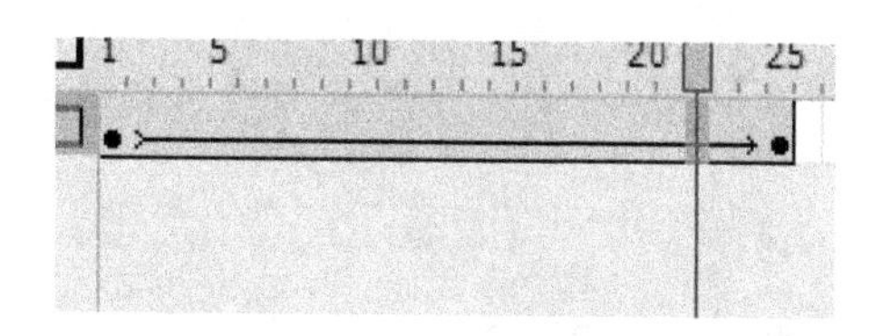

图 7-18　创建传统补间后的帧

如果使用【创建补间动画】命令制作动画，只需要在时间轴上创建一个开始的关键帧然后执行相关命令即可。创建补间动画的帧会变为淡蓝色，没有箭头符号，如图 7-19 所示。

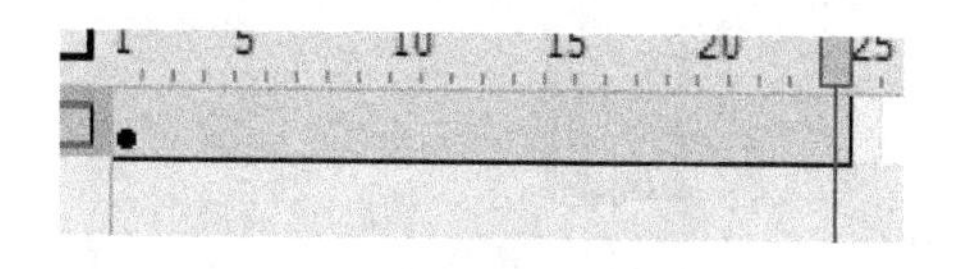

图 7-19　创建补间后的帧

7.3.2　制作动作补间动画

(1)创建传统补间动画。

打开 Flash 软件新建文档，使用【矩形工具】，在图层 1 的第“1”帧绘制一个方形，放置在场的最左边，如图 7-20 所示。

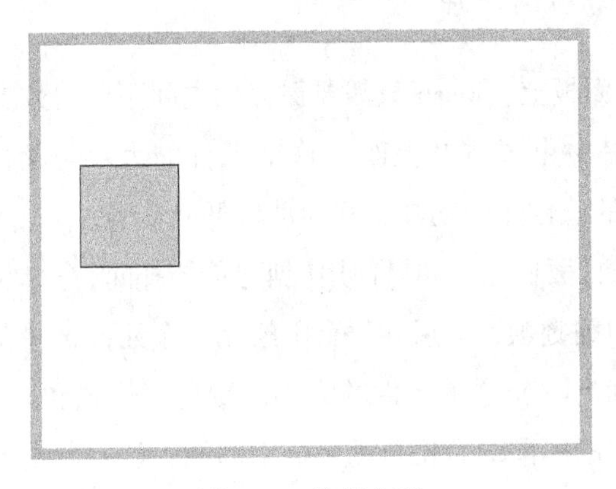

图 7-20　绘制方形

在场景中选中方形，点击鼠标右键，在弹出的菜单中选择【转换为元件】，如图 7-21所示。

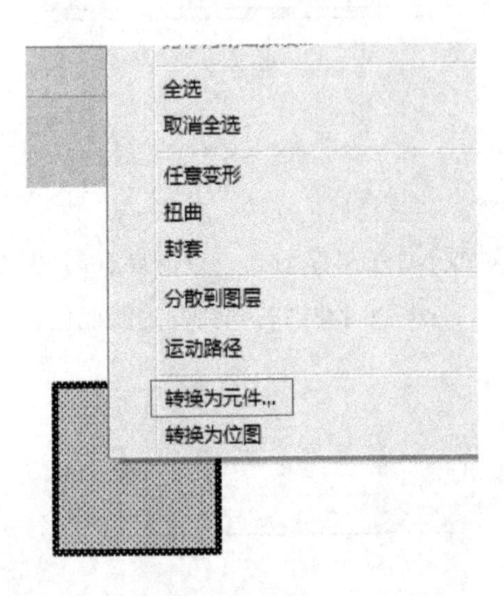

图 7-21　转换为元件

在图层 1 的第“25”帧按【F6】键添加关键，使用【任意变形工具】，把画面中的方形拖动到右边，按住【Shift】键不放，同时用鼠标拖动方形一角将其等比例变大，此时的所有帧都是灰色，如图 7-22 所示。

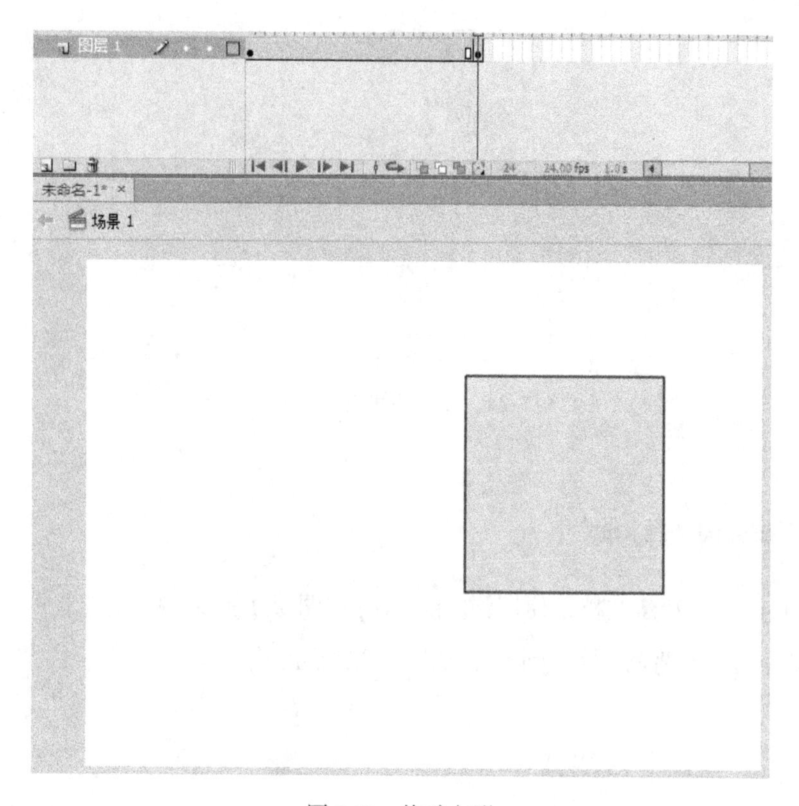

图 7-22　拖动方形

在图层 1 的第“1 ~ 25”帧之间，点击鼠标右键，在弹出的菜单栏中选择【创建传统补间】，此时，图层 1 上的帧变为淡紫色，并出现了长箭头，如图 7-23 所示。

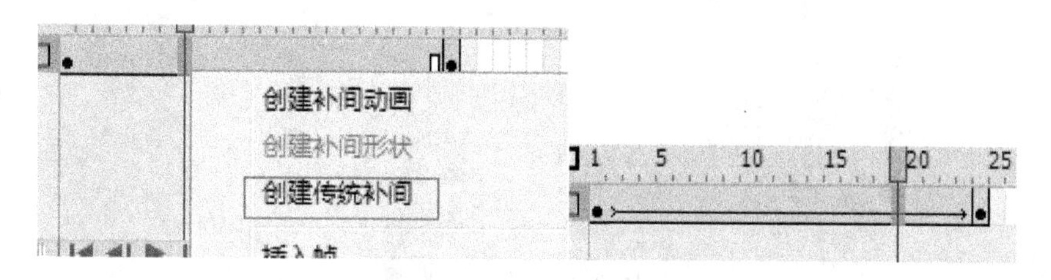

图 7-23　创建传统补间动画

按【Enter】键观察动作补间动画效果，可以发现小方形逐步向右滑动变大，最后成为大方形，如图 7-24 所示。

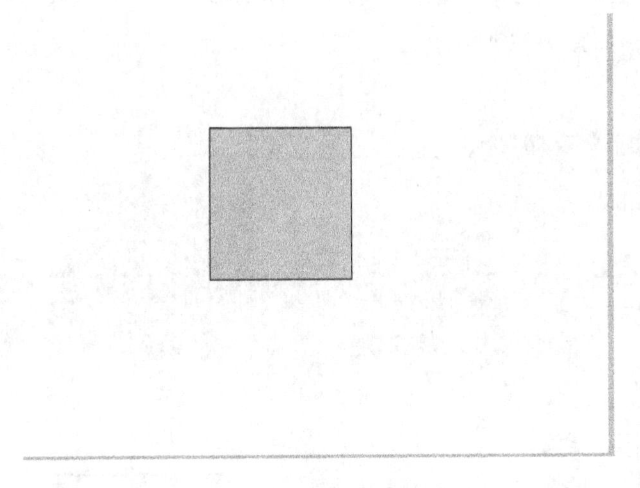

图 7-24　传统补间生成的画面

(2)【创建补间动画】命令。

打开 Flash 软件新建文档，使用【矩形工具】在图层 1 的第“1”帧绘制一个方形，放在场景的最左边，并将其转换为元件，如图 7-25 所示。

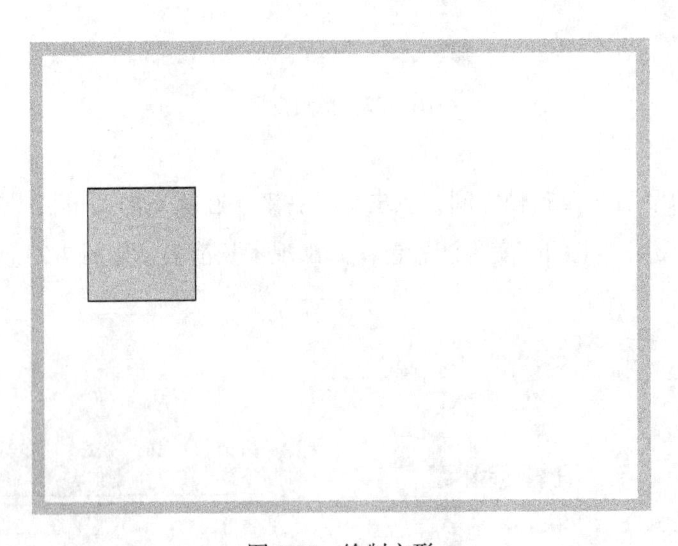

图 7-25　绘制方形

在图层 1 第“25”帧按【F5】键插入帧，此时图层 1 面板上的帧都是灰色的，每帧内容也是一样，如图 7-26 所示。

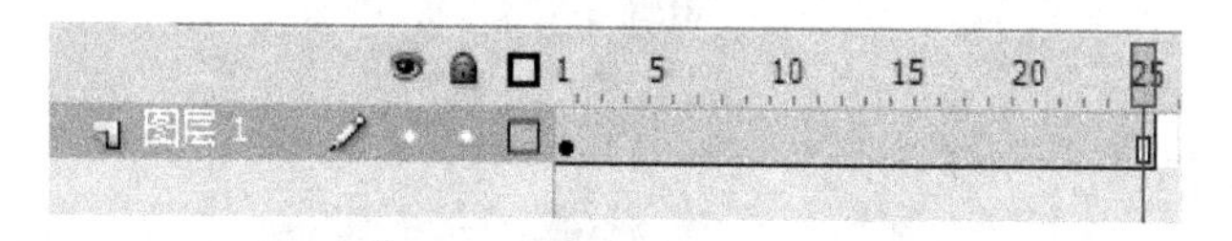

图 7-26 插入帧

在图层 1 的第“1-25”帧之间单击鼠标右键，在弹出的菜单中选择【创建补间动画】，图层 1 上的帧变为淡蓝色，如图 7-27 所示。

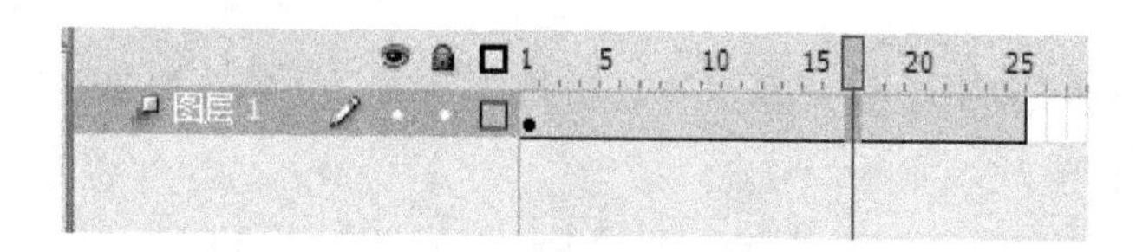

图 7-27 创建补间动画之后的帧

选中图层 1 第“25”帧，使用【任意变形工具】，把方块拖动到场景的右边，按住【Shift】键不放，同时用鼠标拖动方形一角将其等比例变大，此时画面当中会出现一条绿色的轨迹线，如图 7-28 所示。

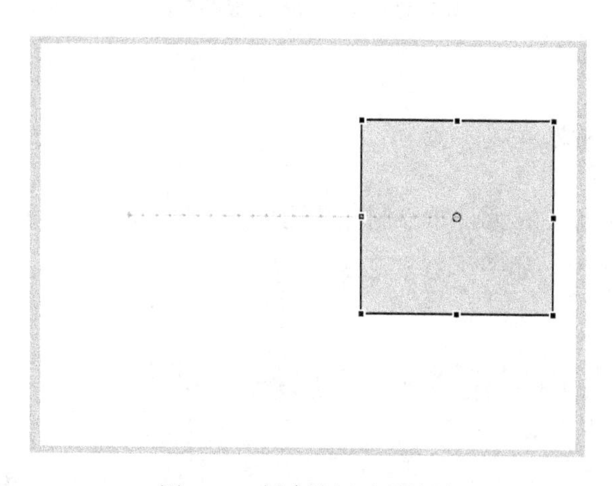

图 7-28 创建补间动画效果

如想做弧形路径时，可以用【部分选取工具】在“1-25”帧之间任意地方调节绿色的轨迹，如图 7-29 所示。

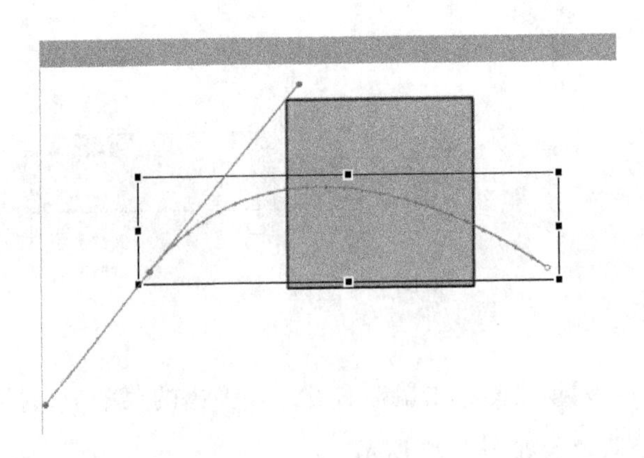

图 7-29　调整轨迹

按【Enter】键观察动作补间动画效果，可以发现小方形沿绿色的轨迹线向右滑动变大成为大方形，如图 7-30 所示。

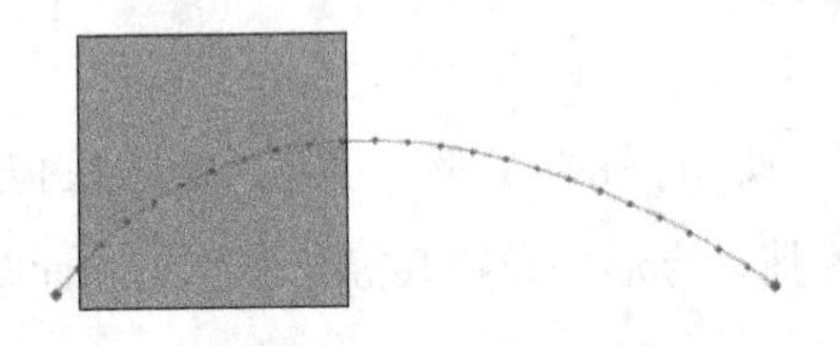

图 7-30　补间动画生成的画面

7.3.3　制作小球弹跳动画

新建一个图形元件，在元件中绘制一个边框为无色，填充色为黑白的径向渐变的圆形，并将其转换为元件，如图 7-31 所示。

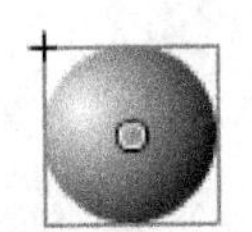

图 7-31　绘制小球

在小球的圆心位置添加一条辅助线，在“30”帧创建关键帧将小球向下移动，如图7-32所示。

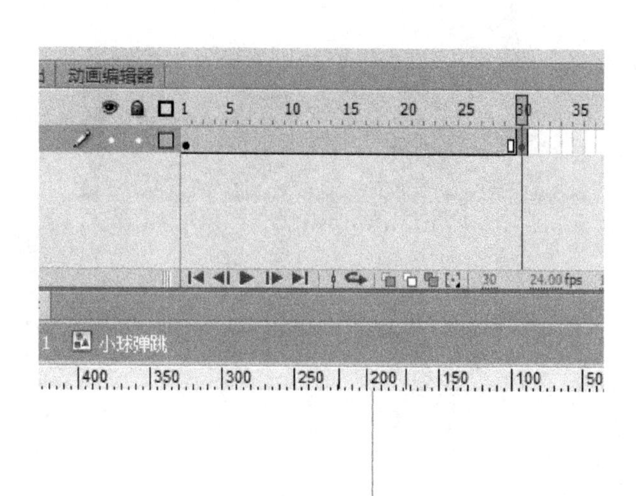

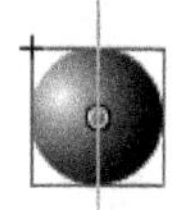

图7-32　移动小球

在图层1上点击鼠标右键创建传统补间动画，完成小球向下移动的动画，如图7-33所示。

点击动作补间中任意位置，点击属性面板【缓动】后的 图标，打开【自定义缓动缓出】面板，如图7-34所示。

【自定义缓动缓出】面板中横向的表示时间，从左到右分别为“1-25”帧，纵向的表

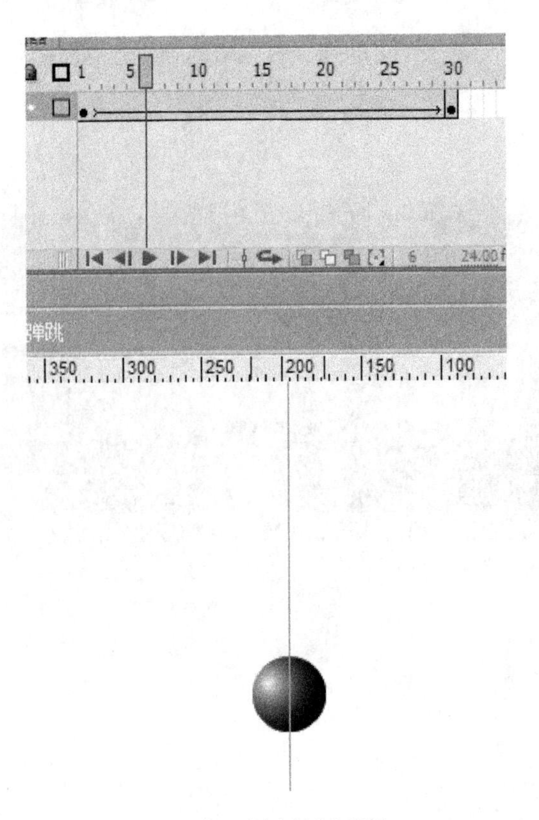

图 7-33　创建补间动画

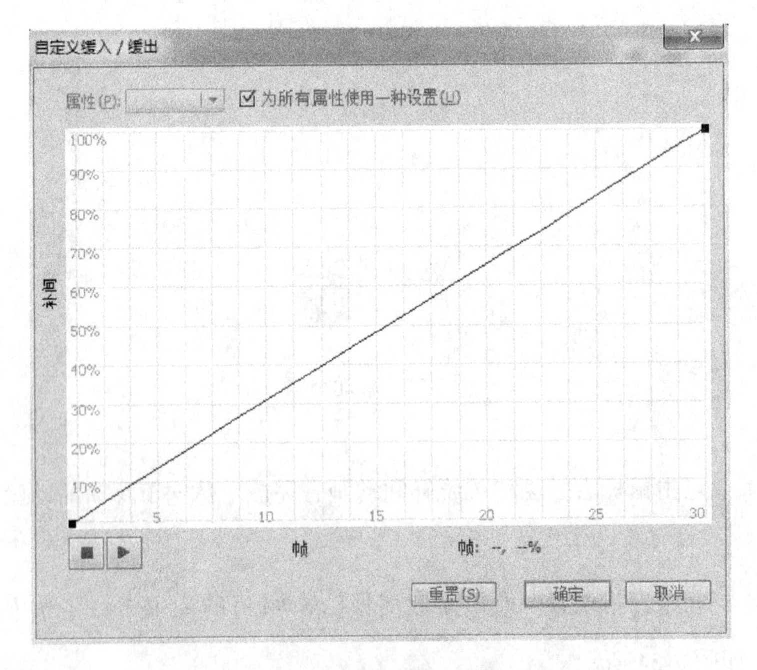

图 7-34　【自定义缓动缓出】面板

示动作补间，由下往上分别为圆形从上到下的移动状态。根据小球弹跳的原理将缓入缓出曲线调节如图 7-35 所示。

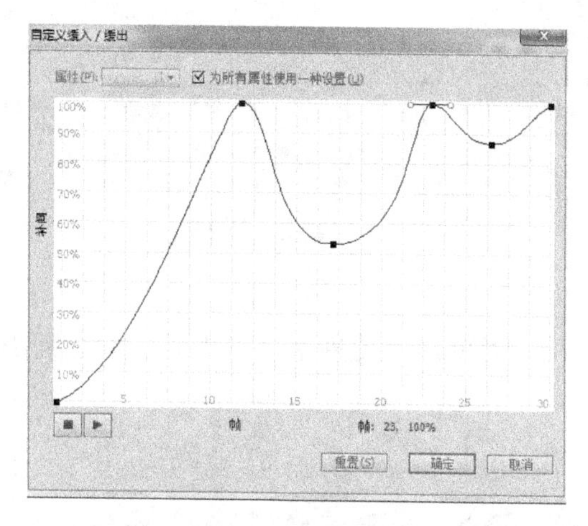

图 7-35　调节【自定义缓动缓出】

调节后小球即呈现由上而下弹跳 3 次的状态。

将做好的小球弹跳元件拖到场景面板，并在时间轴第“60”帧创建一般帧，如图7-36所示。

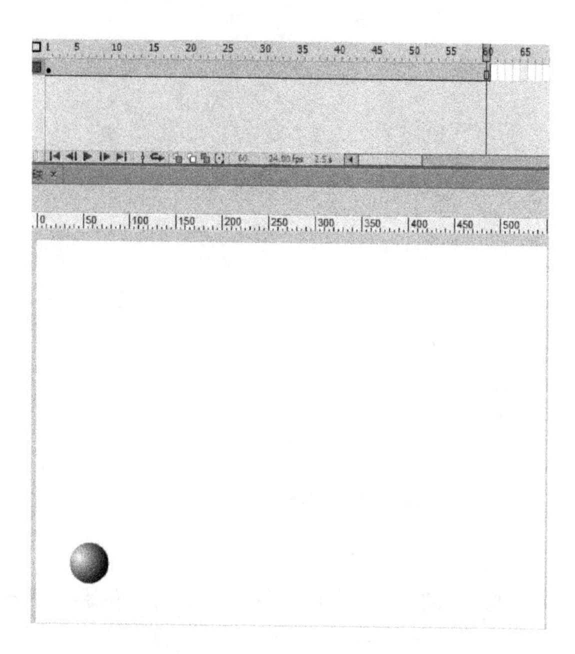

图 7-36　将元件拖入舞台

点击小球，在属性面板【循环】→【选项】中选择【播放一次】选项，如图 7-37 所示。

图 7-37　【播放一次】选项

在第“60”帧的位置用任意变形工具将小球的中心点调整到小球的中心位置，如图 7-38 所示。

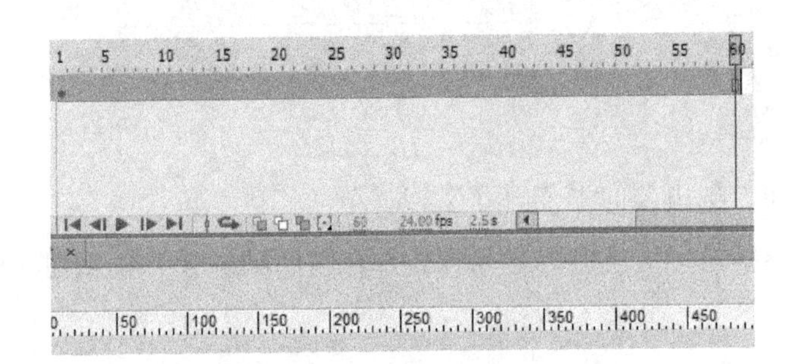

+

图 7-38　调整小球中心点

在第“60”帧创建关键帧，创建一个横向的辅助线，并将小球移到舞台右边，如图 7-39 所示。

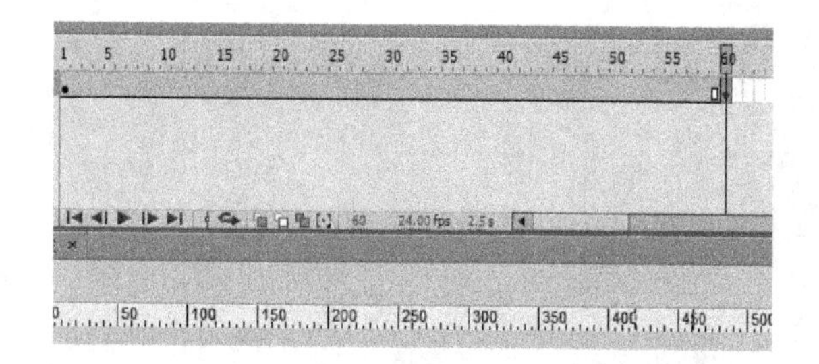

图 7-39　调整小球位置

创建传统补间动画，并在“30”帧处插入关键帧，如图 7-40 所示。

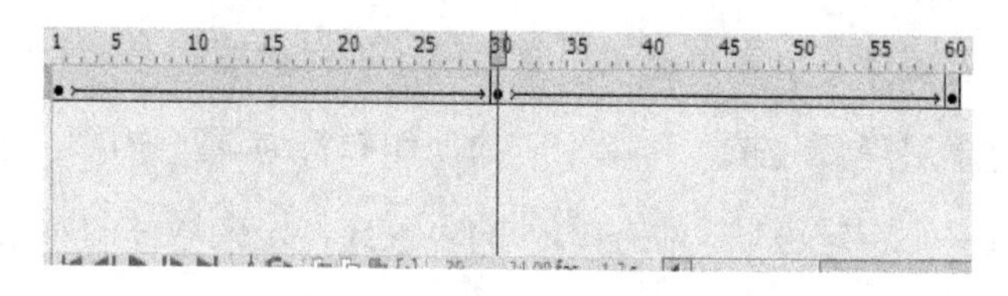

图 7-40　创建传统补间动画

在第“31-59”帧之间选择任意一帧，在属性面板中将【缓动】调整为“100”，将【选择】调整为顺时针“2”圈，如图 7-41 所示。

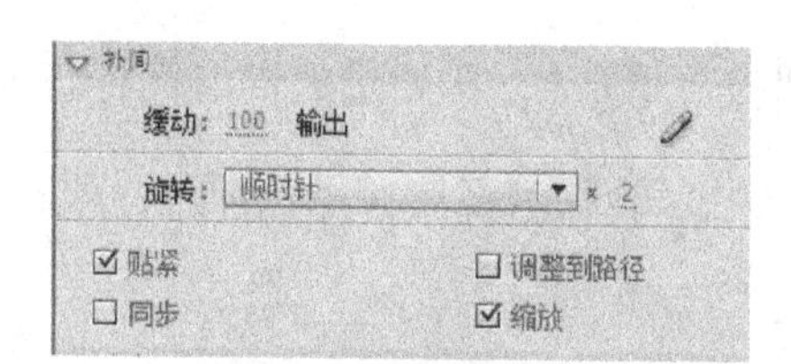

图 7-41　调整属性

按【Enter】键观察动作补间动画效果，可以发现小球向右弹跳三次后由快至慢向右滚动 2 圈，如图 7-42 所示。

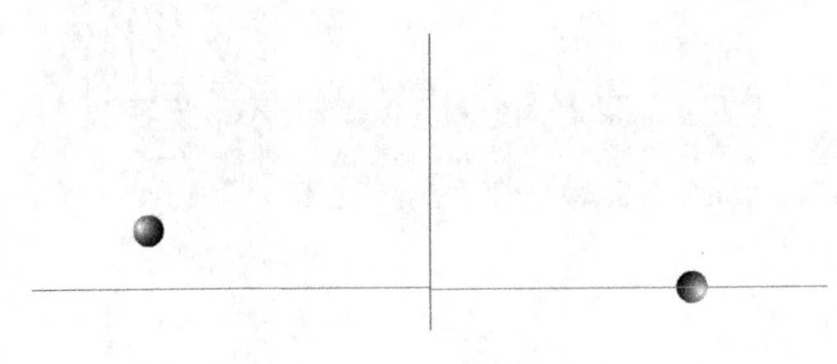

图 7-42　小球弹跳完成效果

7.4　遮罩层动画

7.4.1　遮罩动画的概念与原理

遮罩动画是 Flash CS6 中的一个很重要的动画类型，遮罩层是一种特殊的图层，遮罩层下面的图层内容就像一个窗口显示出来，除了透过遮罩层显示的内容，其余被遮罩的图层内容都被遮罩层隐藏起来。利用相应的动作和行为，遮罩层主要有两种用途：一是用在整个场景或一个特定区域，使场景外的对象或特定区域外的对象不可见；二是用来遮罩住某一元件的一部分，从而实现一些特殊的效果。

在 Flash 作品中，常常看到很多眩目、神奇的效果，其中不少就是用最简单的【遮罩层】命令完成的，如水波、万花筒、百叶窗、放大镜和望远镜。遮罩层其实是由普通图层转化而成的，只需要在某个图层上单击右键，在弹出菜单中选择【遮罩层】命令，该图层就会生成遮罩层，“层图标”就会从普通层图标变为遮罩层图标，系统会自动把遮罩层下面的一层关联为“被遮罩层”，在缩进的同时图标还变为 ，如果还想关联更多被遮罩的层，只需把这些层拖到被遮罩层下面即可，如图 7-43 所示。

7.4.2　创建遮罩层

创建遮罩层首先要选中准备创建遮罩的图层，单击鼠标右键，在弹出的快捷菜单中选

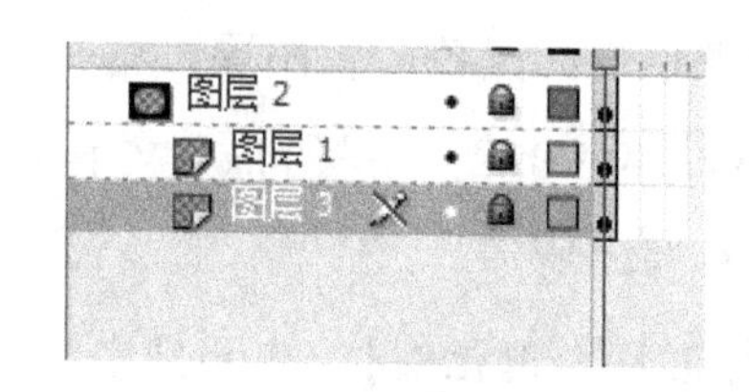

图 7-43 遮罩层

择【遮罩层】命令，即可创建遮罩层。还可以选择准备创建遮罩的图层，单击鼠标右键，在弹出的快捷菜单中，选择【属性】命令，弹出【图层属性】对话框，在【类型】下拉列表框中选择【遮罩层】选项，单击【确定】按钮，同样可以创建遮罩层，如图 7-44 所示。

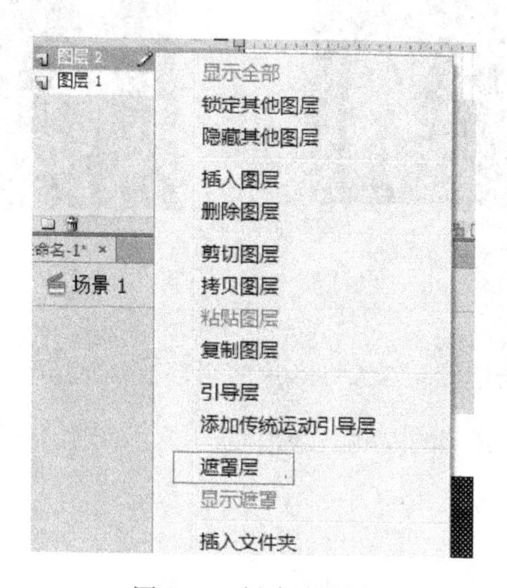

图 7-44 创建遮罩层

7.4.3 创建遮罩层动画

遮罩层动画的遮罩层与被遮罩图层都可以创建动画效果，可以让遮罩层或被遮罩动起来，这样就可以创建各种各样的具有动态效果的动画，如图 7-45 所示。

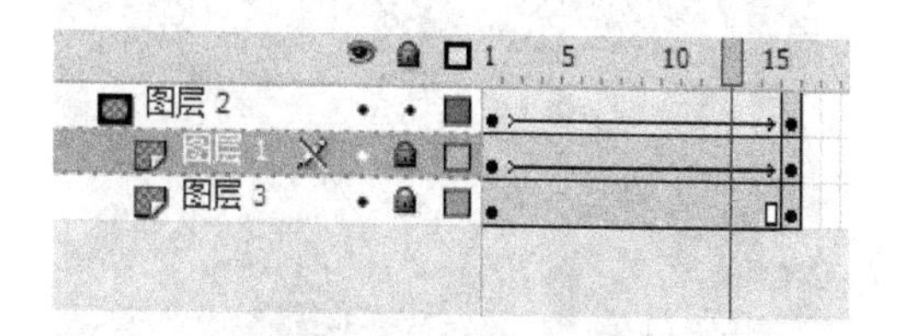

图 7-45 遮罩层动画

在属性面板中将【舞台】颜色变为黑色，在图层 1 里，设置颜色为“粉色”、字体大小为“100”、字体为“BankGothic Md BT”，书写 Flash 文本。创建图层 2 并把图层 1 中的内容复制到图层 2 上去，如图 7-46 所示。

新建一个名为“高光”的【影片剪辑元件】，在元件中绘制一个边框线为无色，填充色为白色的梯形，如图 7-47 所示。

图 7-46　书写文字

图 7-47　绘制高光

回到【场景】面板，新建图层 3，将影片剪辑高光拖入舞台，用【任意变形】工具将其变为倾斜状态放置在文字的左侧。最后将图层 3 移动到图层 1 和图层 2 之间，如图 7-48 所示。

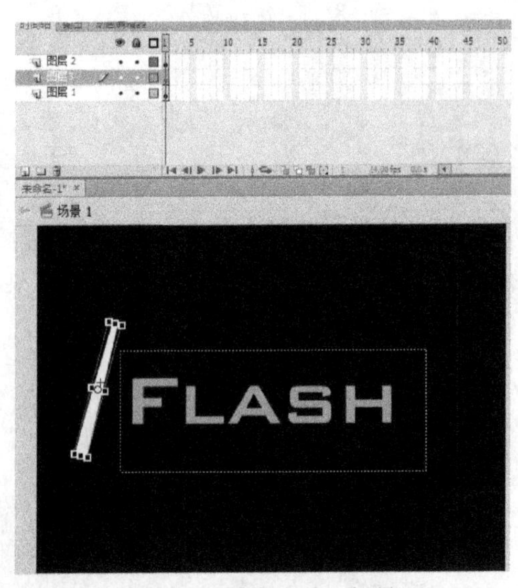

图 7-48　将高光放入场景

点击“高光”，在【属性】面板→【滤镜】添加模糊滤镜效果。并把模糊数值改为“14”，如图 7-49 所示。

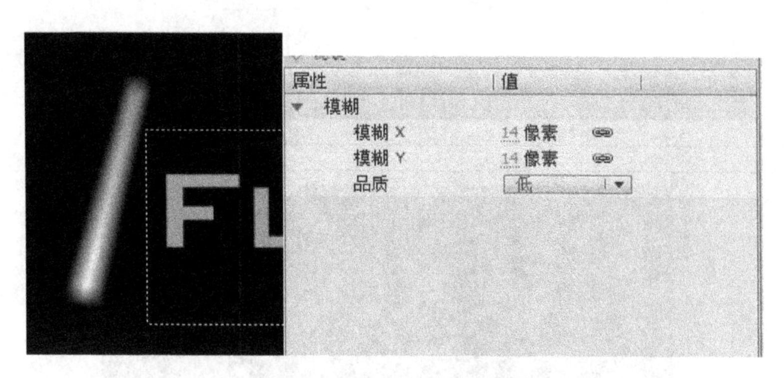

图 7-49　添加【滤镜】效果

在“30”帧的位置将图层 1、2、3 都添加一般帧，图层 2 添加关键帧，如图 7-50 所示。

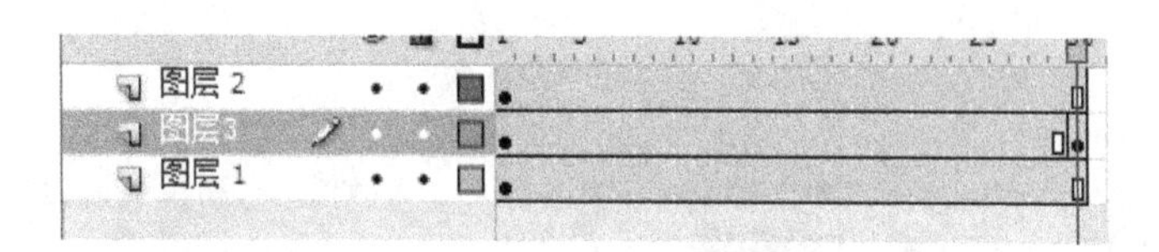

图 7-50　添加关键帧

在第“30”帧处将“高光”拖至文本的右边，如图 7-51 所示。

图 7-51　拖动高光位置

图层 3 中点击鼠标右键添加传统补间动画效果，“高光”即可从左向右进行移动，如图 7-52 所示。

图 7-52　创建动作补间

鼠标右键点击图层 2，将其设置为【遮罩层】，图层 3 自动变为【被遮罩】并被锁定，如图 7-53 所示。

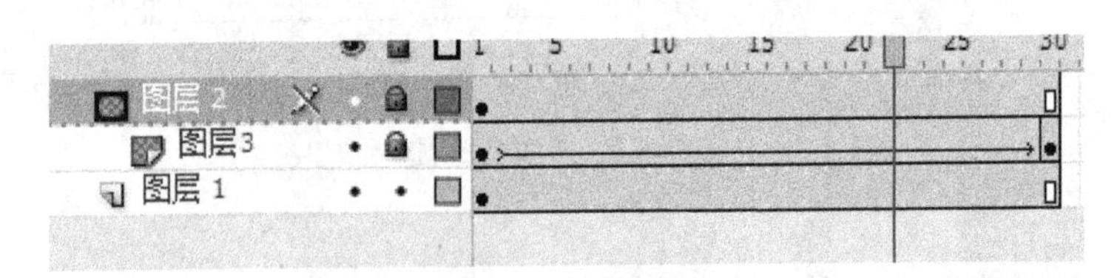

图 7-53　添加遮罩层

遮罩层动画即制作完成，效果如图 7-54 所示。

图 7-54　遮罩层动画完成效果

7.5 引导层动画

7.5.1 引导层动画的概念与原理

Flash CS6 提供了一种简便方法来实现对象沿着复杂路径移动的效果，这就是引导层，又称轨迹动画、路径动画。在制作动画时，使用简单的直线运动很可能无法达到理想的运动效果，这时，如果使用路径动画可以做出一些意想不到的效果。路径动画可让物体按照设定的路线运动，从而产生动画，例如让一个物体做圆周运动或曲线运动，制作出树叶飘落、小鸟飞翔、蝴蝶飞舞、星体运动等效果。

引导层动画需要两个图层，即绘制路径的图层以及在起始和结束位置应用传统补间动画的图层。其中引导层为图形，在预览中部显示。被引导的图层为元件，是需要沿着路径运行的对象。引导层动画分为两种，一种是普通引导层，另一种是运动引导层。

7.5.2 普通引导层

普通引导层是以 按钮表示，是在普通图层的基础上建立的，它在预览的时候不会被显示，没有被引导的运动的物体，作用主要是用来对一系列的对象位置进行引导。

选中准备转换为引导层的图层，使用鼠标右键单击，在弹出的快捷菜单中，选择【引层】命令，即可将图层转换为普通引导层，如图 7-55 所示。

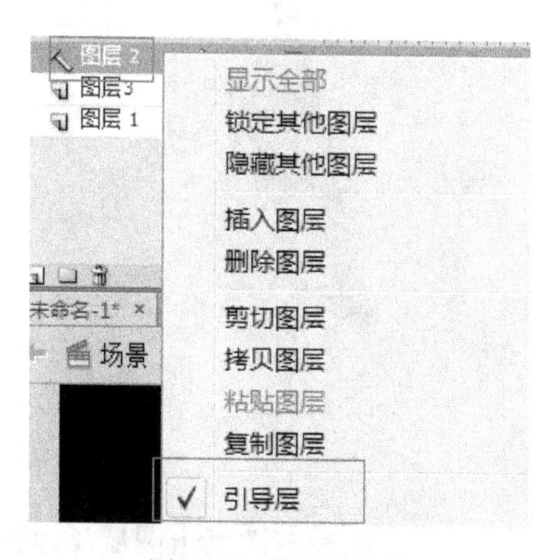

图 7-55 普通引导层

7.5.3　运动引导层

运动引导层能够用来控制动画运动的路径。创建运动引导层的方法是：选中准备转换为被引导的物体的普通图层，使用鼠标右键单击，在弹出的快捷菜单中，选择【添加动引导层】命令，即可在图层上方添加一个引导层，而本身绘制对象的图层成为被引导层，如图 7-56 所示。

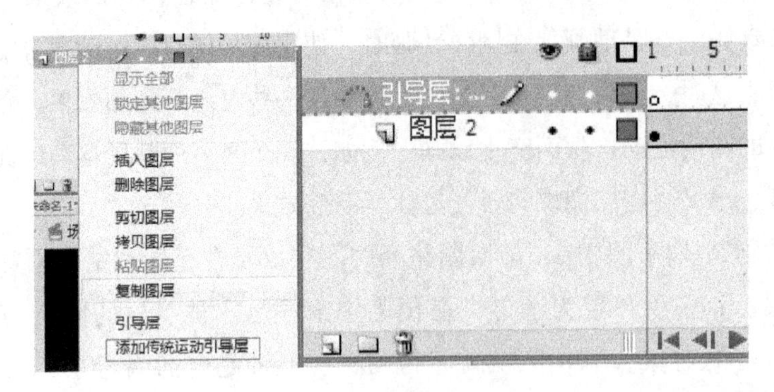

图 7-56　运动引导层

7.5.4　运动引导层的运用

新建一个名为“飞机”的图形元件，并在其中绘制一个飞机图形，如图 7-57 所示。

图 7-57　绘制图形

回到【场景】将飞机拖入图层 1。鼠标右键点击图层 1 添加传统运动引导层，创建【引导层】与【被引导层】，如图 7-58 所示。

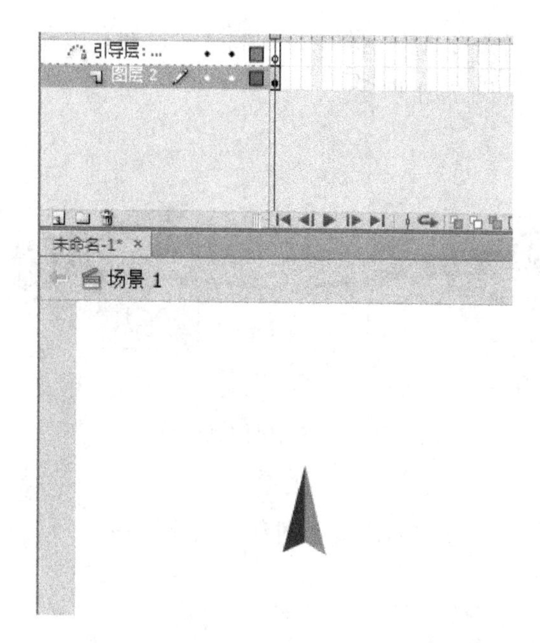

图 7-58 添加引导层

在图层 2 上绘制一个填充色为无色，边框线为黑色的椭圆形，在椭圆形的上方用橡皮擦工具擦个小口，如图 7-59 所示。

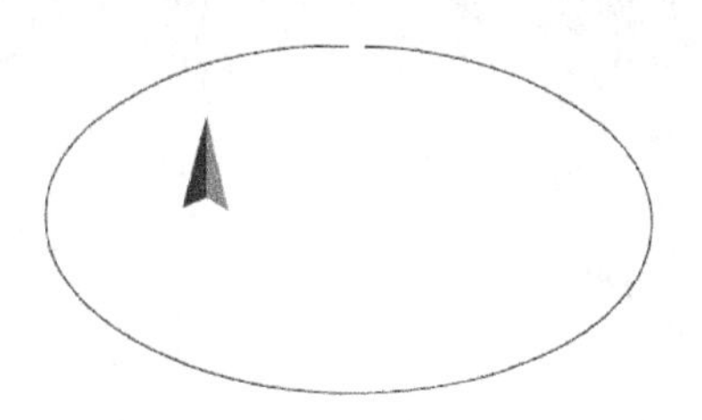

图 7-59 绘制引导层

在图层 1 第“30”帧的位置插入一般帧，图层 2 第“30”帧的位置插入关键帧，如图 7-60 所示。

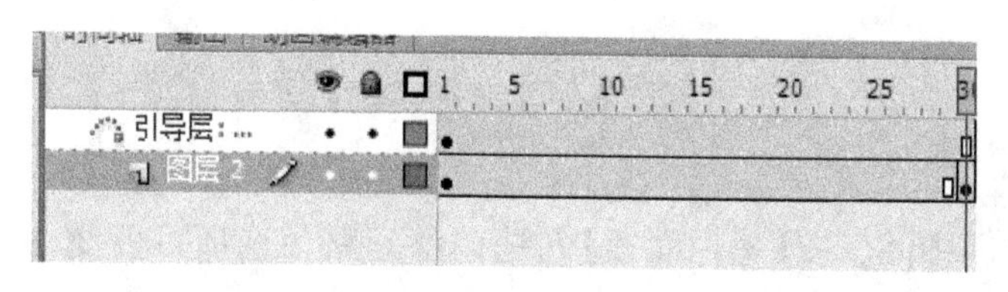

图 7-60 添加帧

在第"1"帧和第"30"帧将飞机分别吸附到椭圆缺口的右边和左边并将飞机的方向调整到与圆形方向相同，如图 7-61 所示。

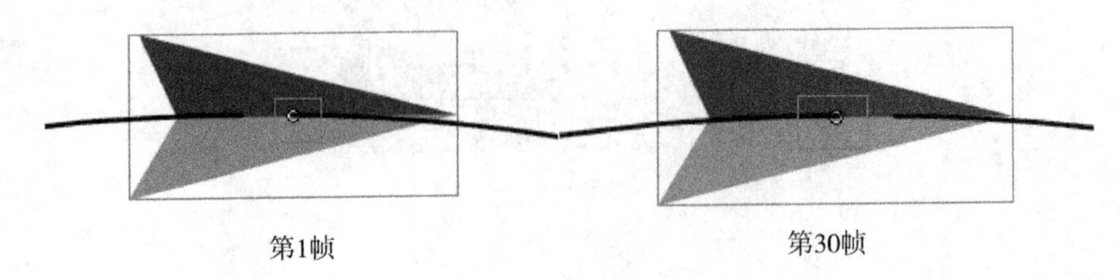

图 7-61　将飞机吸附到引导层上

在图层 2 上单击鼠标右键添加传统补间动画效果，飞机即可沿着椭圆形进行运动，如图 7-62 所示。

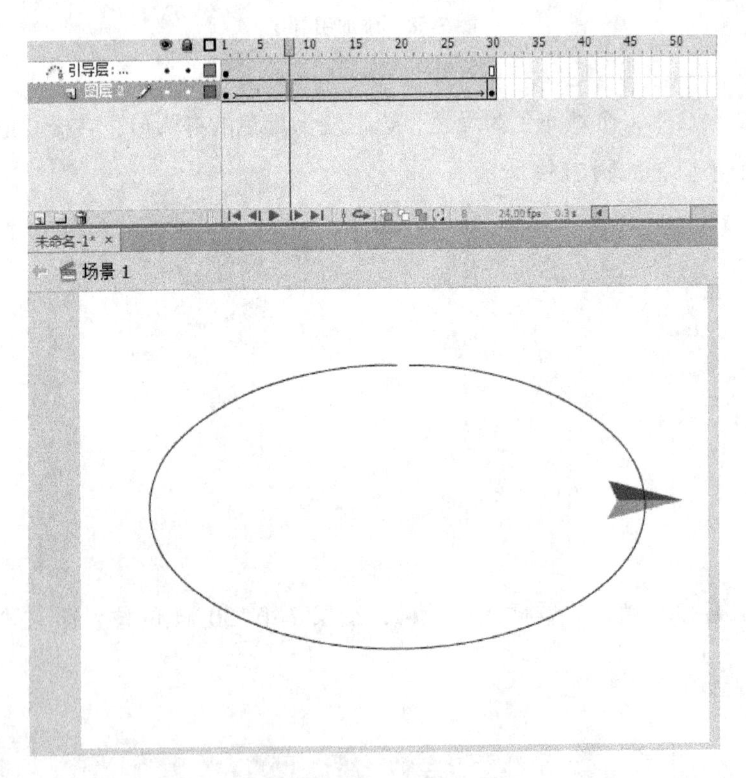

图 7-62　添加补间动画

点击动作补间中间，在【属性面板】勾选调整到路径选项可以使飞机头部也沿着引导层的形状进行变化，如图 7-63 所示。

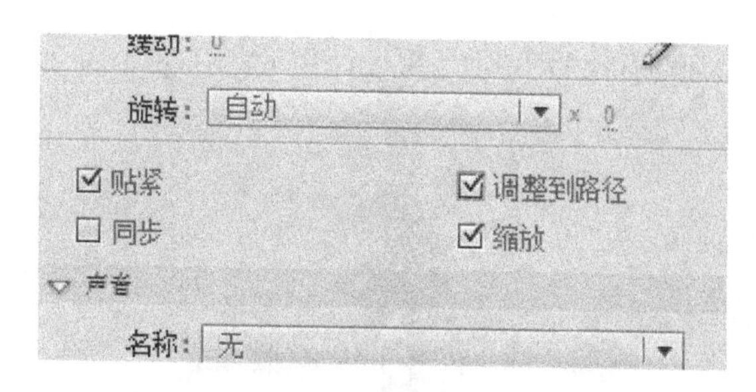

图 7-63　调整到路径

飞机飞行的引导层动画完成制作，如图 7-64 所示。

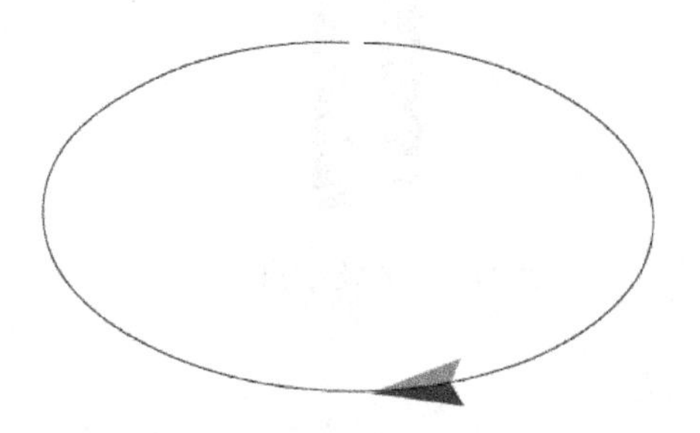

图 7-64　引导层动画完成效果

7.6　骨骼动画和 3D 动画

7.6.1　骨骼动画

在 Flash CS6 软件中，运动学系统分为正向运动学和反向运动学两种。正向运动学是指对于有层级关系的对象来说，父对象的动作将影响到子对象，而子对象的动作将不会对父对象造成任何影响。如当对父对象进行移动时，子对象也会同时随着移动；而子对象移动时，父对象不会移动。由此可见，正向运动中的动作是向下传递的。与正向运动学不同，反向运动学动作传递是双向的，当父对象进行位移、旋转或缩放等动作时，其子对象会受到这些动作的影响；反之，子对象的动作也将影响到父对象。反向运动是通过一种连接各种物体的辅助工具来实现的运动，这种工具就是 K 骨骼，也称为反向运动骨骼。使用骨骼制作的反向运动学动画，就是所谓的骨骼动画。创建骨骼动画一般有两种方式：一种方式是为实例添加与其他实例相连接的骨骼，使用关节连接这些骨骼，骨骼允许实例链一起运动；另一种方式是在形状对象(即各种矢量图形对象)的内部添加骨骼，通过骨骼来移动形状的各个部分以实现动画效果，如图 7-65 所示。这样操作的优势在于，无需绘制运动中该形状的不同状态，也无需使用补间形状来创建动画。

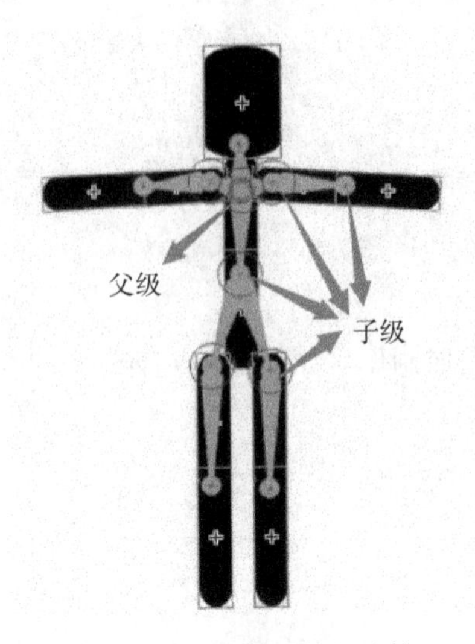

图 7-65　骨骼结构的连接

(1) 创建实例骨骼动画。

Flash CS6 提供了一个【骨骼工具】，使用该工具可以向影片剪辑元件实例、图形元件实例或按钮元件实例添加 K 骨骼。在工具箱中选择【骨骼工具】，在一个对象中单击，拖动鼠标到另一个对象，释放鼠标后就可以创建这两个对象间的连接，此时，两个元件实例间将显示出创建的骨骼。在创建骨骼时，第一个骨骼是父级骨骼，骨骼的头部为圆形端点，有一个圆圈围绕着头部，骨骼的尾部为尖形，有个实心点，如图 7-66 所示。

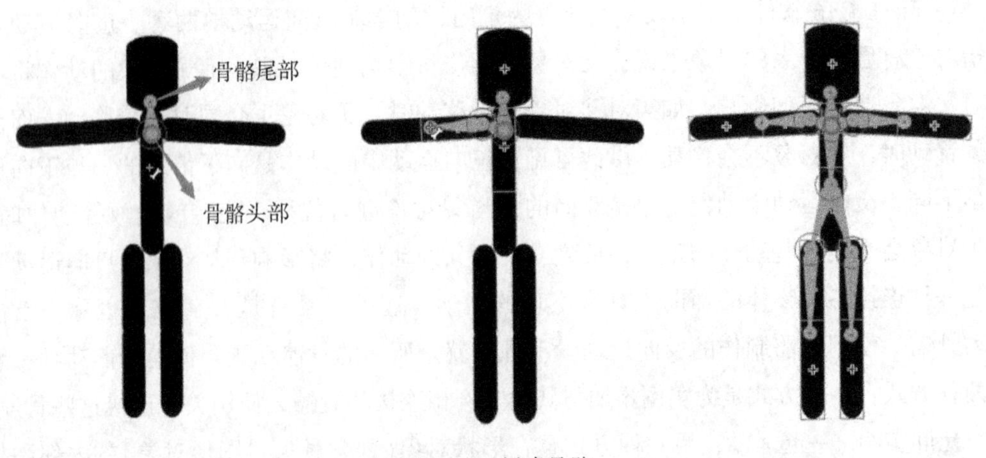

图 7-66　创建骨骼

在时间轴第“30”帧插入一个关键帧，用【任意变形工具】调节对象的动作，如图7-67所示。

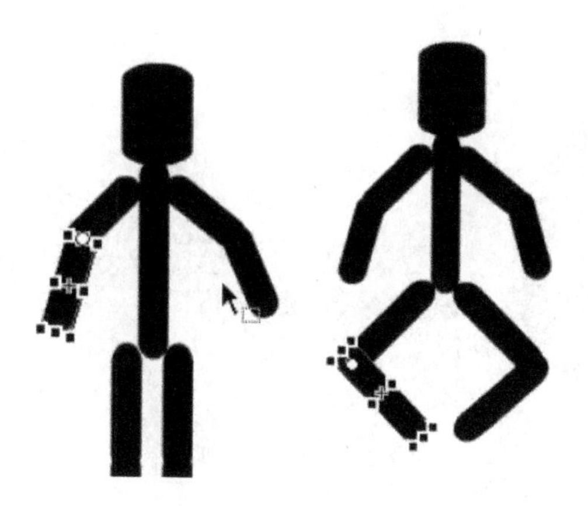

图7-67　调节对象动作

系统就会自动生成中间的动画效果。

(2)创建内部骨骼动画。

使用【笔刷工具】绘制小草形状，如图7-68所示。

图7-68　绘制图形

选择【骨骼工具】给小草添加骨架。小草根部骨骼是最长的一根，离草尖越近，骨骼就越短，这意味着草尖的部分关节更多，看上去也更自然，如图7-69所示。

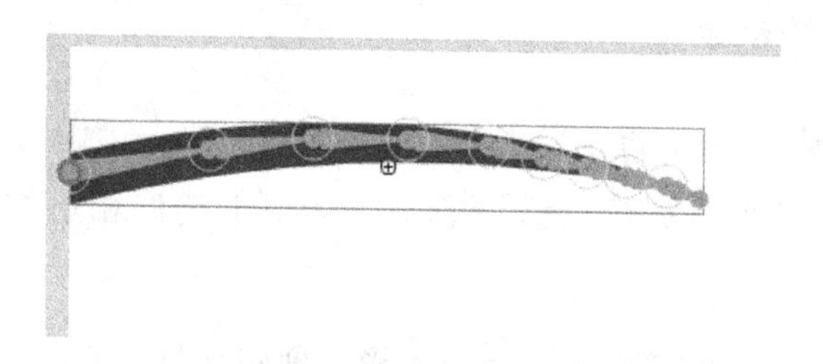

图7-69　绑定骨骼

在第“30”帧插入关键帧，在“15”帧的地方使用【选择工具】拖动位于链条顶端的最后一根骨骼(在尾部的最末端)，将尾巴进行卷曲，如图 7-70 所示。

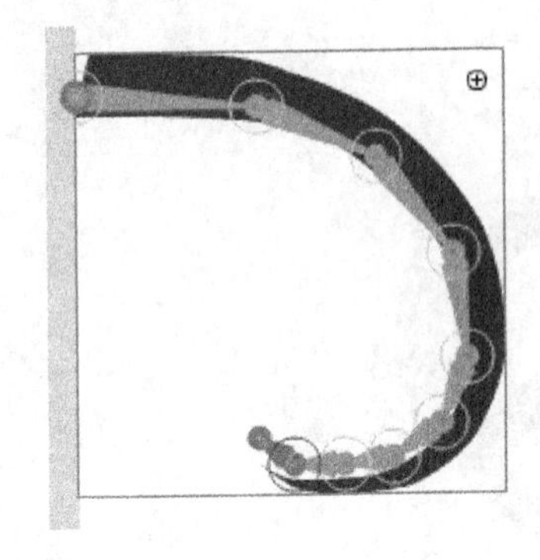

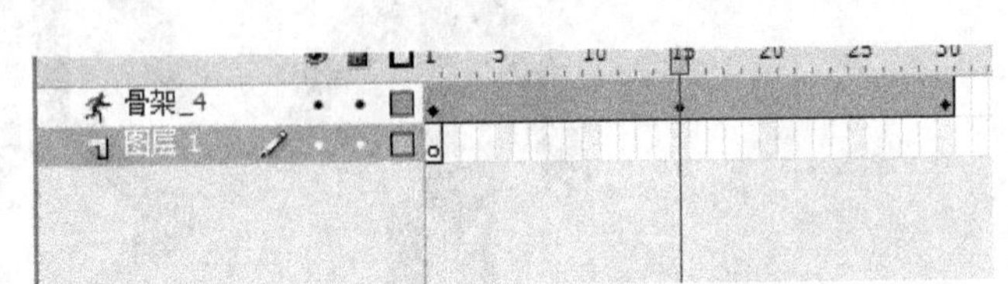

图 7-70　改变骨架形状

完成内部骨骼动画的制作，如图 7-71 所示。

图 7-71　骨骼动画制作效果

7.6.2　3D 旋转动画

3D 旋转动画体现了 Flash 逐渐向 3D 空间探索的趋势，运用此功能可以在 2D 空间的基础上模拟 3D 空间实例旋转和移动效果，常用于类似相册翻页和空间旋转等案例中。

3D 旋转动画旋转制作很简单：首先导入影片剪辑元件；其次用【3D 旋转工具】，通过改变圆圈的位置摆放实例的空间位置，最后模拟旋转效果，如图 7-72 所示。

图7-72 3D选择效果

7.6.3 3D平移工具的应用

【3D平移工具】与【3D旋转工具】使用方法类似，可以通过绿色和红色箭头改变对象X、Y轴的位置。通过中间的黑点可以改变对象的大小，做到近大远小的效果，如图7-73所示。

图7-73 3D平移效果

第 8 章　声音和视频素材编辑

为了使对象更加生动，可以为其添加声音以增强作品对观赏者的吸引力。在 Flash 中有两种类型的音频：事件和数据流。事件音频常用于交互式按钮上，只有在完全载入后才能播放，并且直到有明确的停止命令才会停止播放，它独立于时间轴连续播放；数据流音频适合于在影片的时间播放中应用，它受时间轴的影响可以动画同步播放。

8.1 声音的添加与编辑

8.1.1 Flash 支持的声音类型

可以导入到 Flash 中使用的声音素材，一般说来有三种格式：MP3、WAV 和 AIFF。在众多的格式里，我们应尽可能使用 MP3 格式的素材，因为 MP3 格式的素材既能够保持高保真的音效，还可以在 Flash 中得到更好的压缩效果。

WAV：WAV 格式的音频文件直接保存对声音波形的采样数据，数据没有经过压缩。

AIFF：是苹果公司开发的一种声音文件格式，支持 MAC 平台和 16 位 44kLz 立体声。

MP3：是最熟悉的一种数字音频格式，相同长度的音频文件用 MP3 格式存储，一般只有 WAV 格式的 1/10，具有容量体积小、传输方便的优点，而且拥有较好的声音质量。

8.1.2 在 Flash 中导入声音

Flash CS6 中提供多种使用声音的方式，当声音导入到文档后，将与位图、元件等一起保存在【库】面板中，下面详细介绍在 Flash 中导入声音的操作方法。

在 Flash CS6 中新建文档，在菜单栏中，选择【文件】→【导入】→【导入到库】命令即可在库面板中看到添加的音频，如图 8-1 所示。

图 8-1　音频的添加

8.1.3　为影片添加声音

为影片添加声音的方法有两种，一是直接从库中拖拽，二是通过属性面板进行添加。在【库】面板中，单击导入的声音并拖拽到舞台上，并适当增加延伸帧，即可添加声音，如图 8-2 所示。

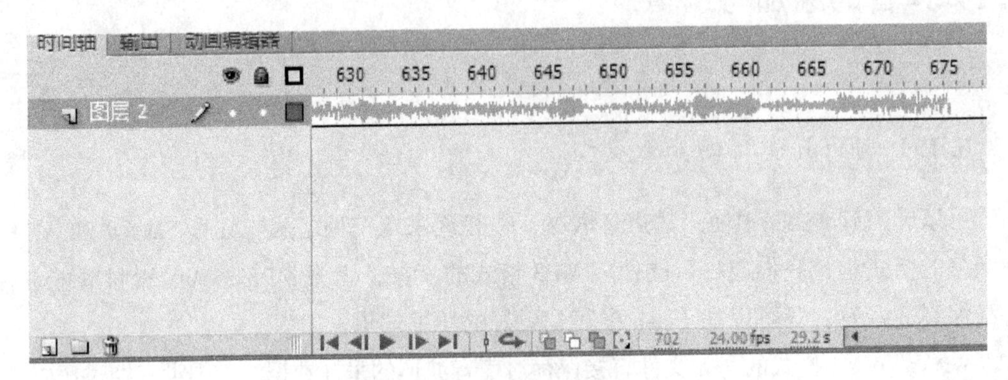

图 8-2　添加音频

8.1.4　设置播放效果

有时候需要对声音进行编辑，如声音的选择、音量的变化等，在属性面板【效果】下拉菜单中提供了多种播放效果，如图 8-3 所示。

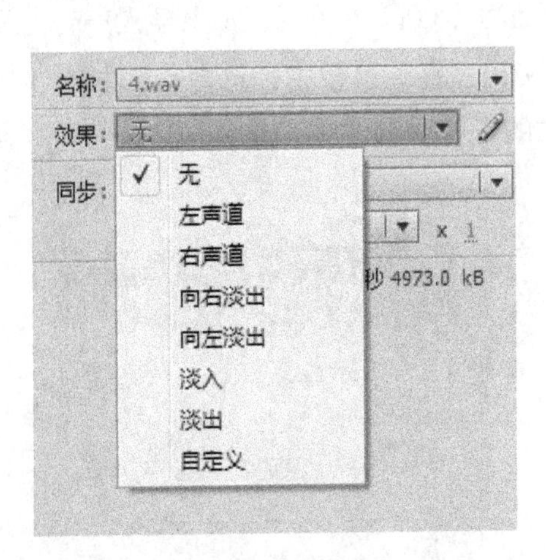

图 8-3　效果选项

无：不设置声音效果。

左声道：控制声音在左声道播放。

右声道：控制声音在右声道播放。

向右淡出：降低左声道的声音，同时提高右声道的声音，控制声音从左声道过渡到右声道播放。

向左淡出：控制声音从右声道过渡到左声道播放。

淡入：在声音的持续时间内逐渐增强其幅度。

淡出：在声音的持续时间内逐渐减小其幅度。

自定义：允许创建自己的声音效果，可以从【编辑封套】对话框进行编辑。

8.1.5 使用声音属性编辑声音

在 Flash 中，提供了编辑声音的功能，可以对声音进行相应的编辑。

在【属性】面板中，单击展开【同步】后方的下拉按钮，其中包括【事件】、【开始】、【停止】和【数据流】选项，单击任意选项，即可进入相应的编辑状态，如图 8-4 所示。

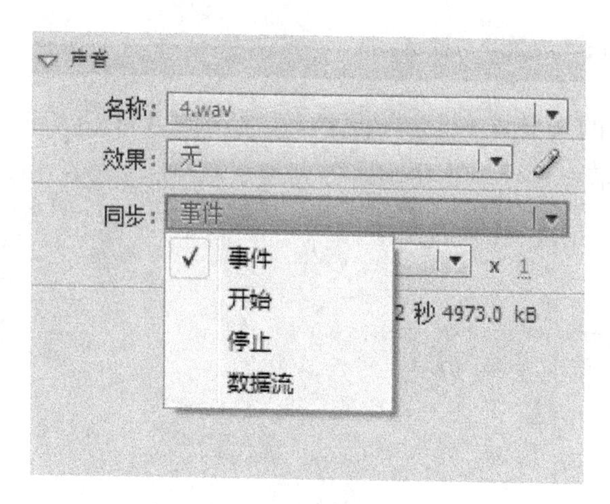

图 8-4 同步

事件：默认声音同步模式，在该模式下，事先在编辑环境中选择的声音就会与事件同步，不论在何种情况下，只要动画播放到插入声音的开始帧，就开始播放声音，直至声音播放完毕为止。

开始：到了该声音开始播放的帧时，如果此时有其他的声音正在播放，则会自动取消将要进行的声音的播放，直到没有其他声音播放时，该声音才会开始播放。

停止：可以使正在播放的声音文件停止。

数据流：该模式通常是用在网络传输中，动画的播放被强迫与声音的播放保持同步，有时如果动画帧的传输速度与声音相比较慢，则会跳过这些帧进行播放。另外，当动画播放完毕后，如果声音还没播完，也会与动画同时停止。

8.2　导入和控制视频

在 Flash CS6 中，不但可以导入矢量图形和位图，还可以导入视频，从而使 Flash 作品更加丰富多彩。

8.2.1　Flash 支持的视频类型

支持的视频类型会因电脑所安装的软件不同而不同。如果机器上安装了Quick Time 7 及其以上版本，则在导入嵌入视频时支持包括 MOV、AVI 和 MPG/MPEG 等格式的视频剪辑。

8.2.2　在 Flash 中嵌入视频

在 Flash 中常用的视频文件格式是 AVI，引用的 AVI 格式的视频文件不需要类 Windows Media Player 等软件的支持也可以播放。在 Flash CS6 中新建文档，在莱单栏中，选择【文件】→【导入】→【导入视频】命令，如图 8-5 所示。

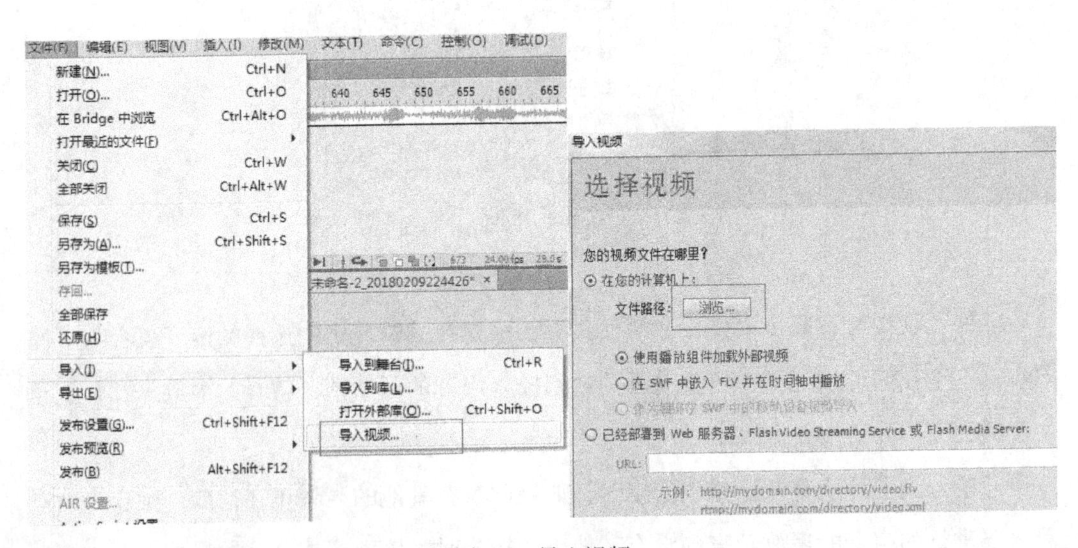

图 8-5　导入视频

弹出【打开】对话框，选择准备导入的视频文件；单击【打开】按钮，系统自动弹出【导入视频】对话框，单击【下一步】按钮，如图 8-6 所示。

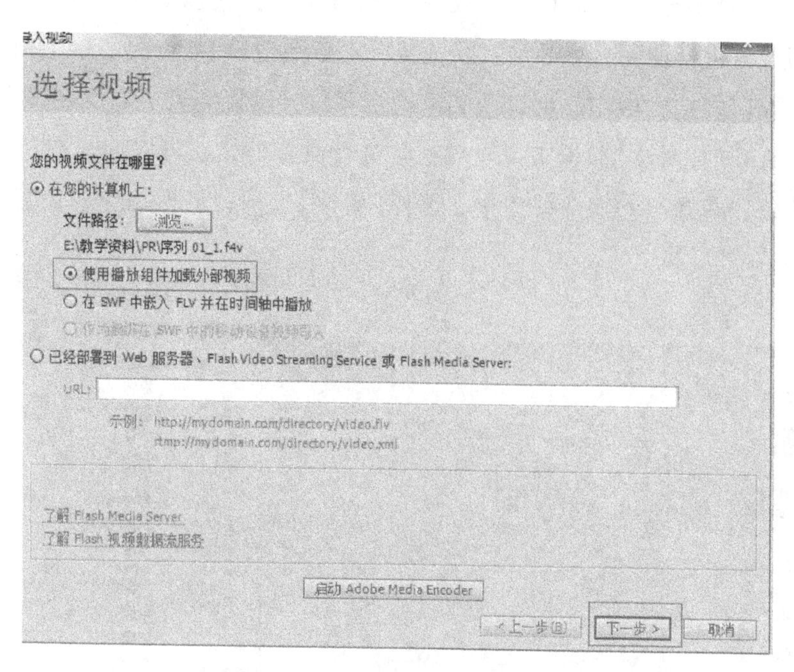

图 8-6　导入视频

在【导入视频】对话框中，单击【下一步】按钮，单击【完成】按钮，视频文件导入到舞台中，通过以上步骤即可完成操作，如图 8-7 所示。

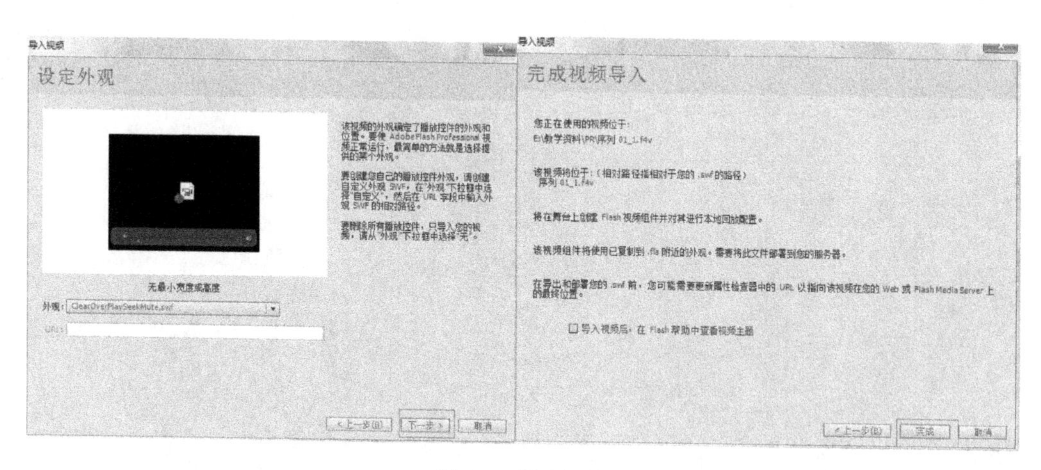

图 8-7　导入视频

8.2.3　处理导入的视频文件

在 Flash 文档中导入视频时，不一定每个视频文件都适合 Flash 文档的需求，这就需要对视频文件进行设置。使用【属性】面板，可以更改舞台上嵌入或链接视频剪辑的实例属性，在【属性】面板中，可以为实例指定名称，设置宽度、高度和舞台的坐标位置，除了在视频的【属性】面板中可以对视频进行设置外，还可以通过在【库】面板中，右击视频文件，在弹出的快捷菜单中，选择【属性】选项，进行相应的设置，如图 8-8 所示。

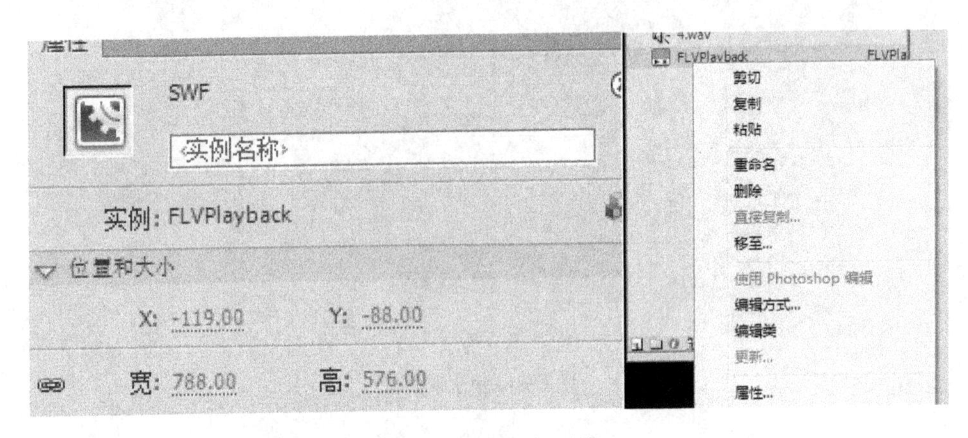

图 8-8　调节视频属性

第 9 章　影片的输出与发布

使用导出功能，可以将制作的 Flash 动画导出来，可以根据需要设置导出的相应格式，同时也能将测试好的影片按照要求进行发布，以便于推广和传播。

9.1　影片的输出

9.1.1　导出图像文件

在制作动画时，有时需要将动画中的某个图像储存为图像格式，以方便以后使用。在舞台中，选中准备要导出的图像对象，在菜单栏中，选择【文件】→【导出】→【导出图像】命令，如图 9-1 所示。

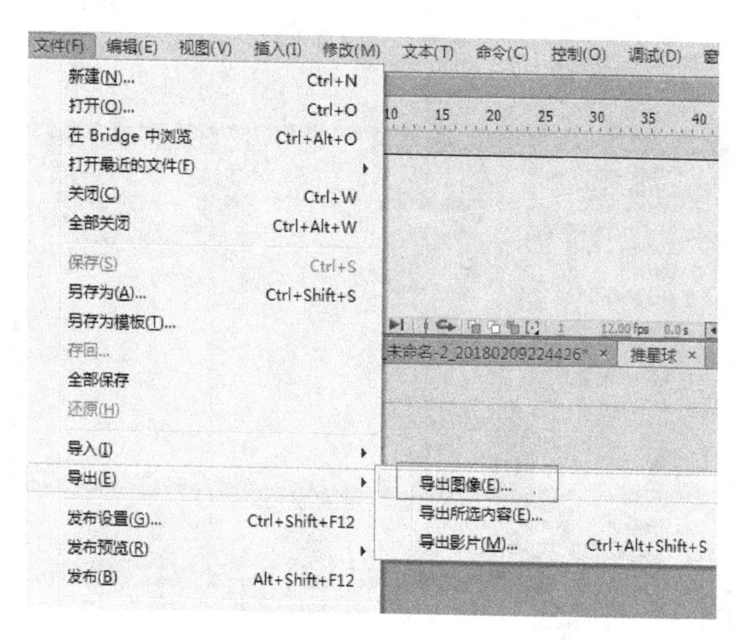

图 9-1　图片导出

弹出【导出图像】对话框，选择保存位置，单击【保存】按钮，如图 9-2 所示。

9.1.2　导出影片文件

打开准备导出的影片，在菜单栏中，选择【文件】→【导出】→【导出影片】命令，弹出【导出影片】对话框，在【文件名】文本框中输入文件名称，在【保存类型】下拉列表框中选择准备保存的类型，单击【保存】按钮，即可导出动画文件，如图 9-3 所示。

图 9-2　图片导出

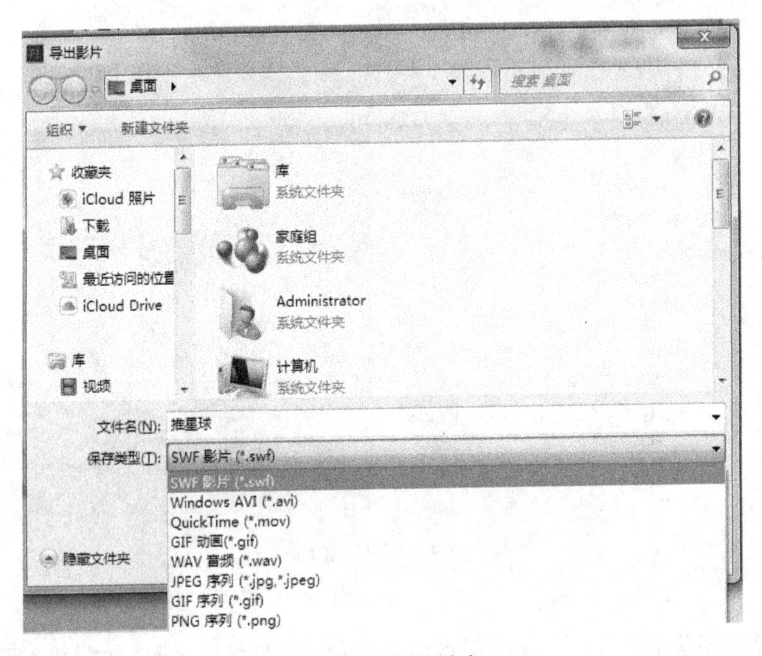

图 9-3　影片的导出

在影片剪辑元件里制作的动画只能导出 SWF 格式的文件才能播放，如想导出其他格式的影片，在制作中动画需做在图形元件中。

有时我们需要导出序列图片，则可以选择 JPG 序列、GIF 序列或 PNG 序列，其中 PNG 序列的背景为透明色又相对比较清晰，更利于后期编辑，如图 9-4 所示。

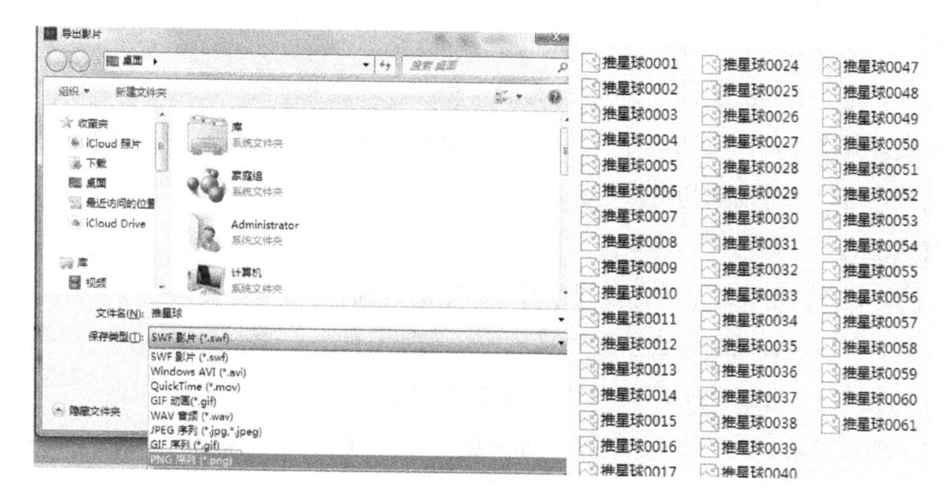

图 9-4 导出 PNG 序列

9.2 发布 Flash 影片

在测试完好的前提下，可以按照要求发布 Flash 动画，便于推广和传播。

9.2.1 发布设置

在发布 Flash 动画之前，可以对发布进行设置，以达到适合的效果。在菜单栏中，选【文件】→【发布设置】命令，弹出【发布设置】对话框，在当前对话框中，可以对动画的发布格式进行设置，如图 9-5 所示。

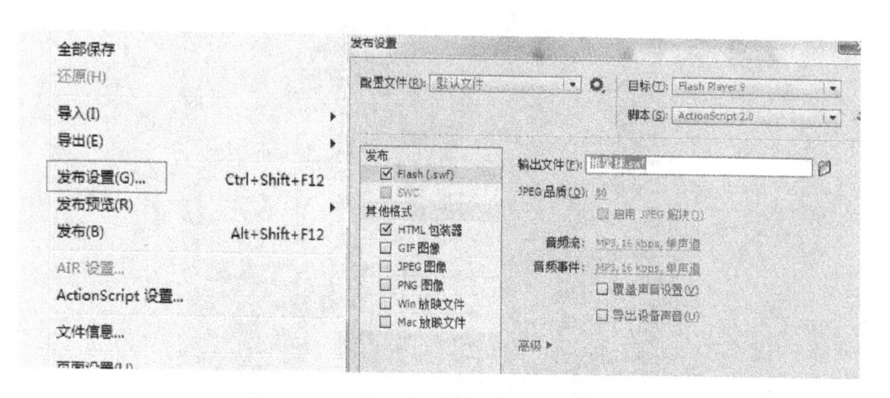

图 9-5 发布设置

在【发布设置】对话框中，选择【HTML】命令，可以对以下参数进行设置。

模板：生成 HTML 文件时所用的模板。

尺寸：定义 HTML 文件中 Flash 动画的长和宽。

回放：其中包括【开始时暂停】、【显示菜单】、【循环】和【设置字体】命令。

品质：可以选择动画的图像质量。

窗口模式：可以选择影片的窗口模式。

HTML 对齐：用于确定影片在浏览器窗口中的位置。

缩放：可以设置动画的缩放大小。

Flash 对齐：可以设置动画在页面中的排列位置。

显示警告消息：选择该复选框后，如果影片出现错误，会弹出警告消息。

9.2.2　发布预览

使用发布预览可以导出从其子菜单中选择的类型文件，并在默认浏览器中打开。如果预览的是 Quicktime 影片，则【发布预览】命令将启动 Quicktime。影片播放器要用发布功能预览文件，只需要在【发布设置】对话框中，定义导出选项后，选择【文件】→【发布预览】命令，并从子菜单中选择所需要预览的格式即可，如图 9-6 所示。

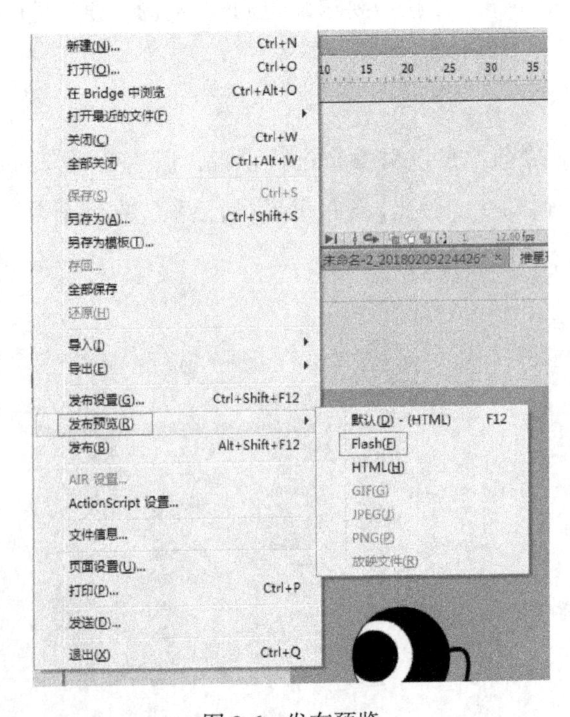

图 9-6　发布预览

9.2.3　发布 Flash 动画

在完成【发布预览】操作后，就可以发布 Flash 动画了。在菜单栏中，选择【文件】→【发布设置】命令，在【发布设置】对话框中，选择 HML 命令，单击【发布】按钮，如图 9-7 所示。

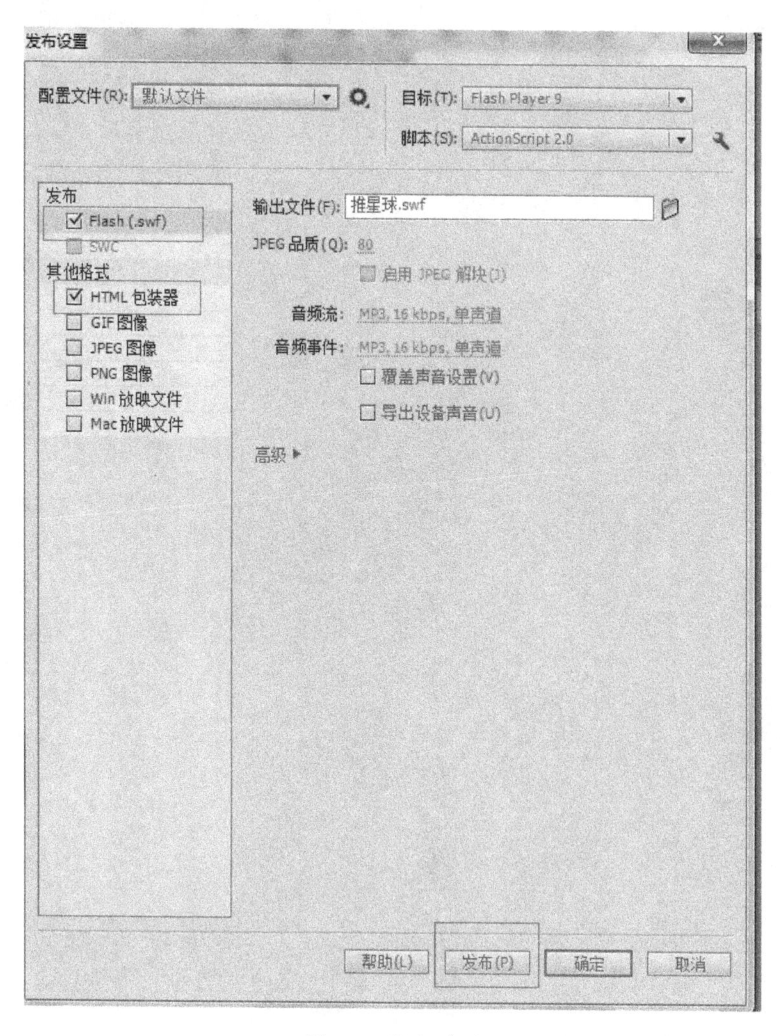

图 9-7　发布动画

这时，保存的 HTML 文件将在文件夹中生成，双击 HTML 文件，就可以查看到 Flash 影片了。